织梦：问思新女学

肖巍

上海書店出版社
SHANGHAI BOOKSTORE PUBLISHING HOUSE

序言：Spin，女性与女学

在阅读女性主义文献时，时常看到 spin 一词，最初不解它的深意。一次，在中国日报网站看到一种解释：当你看到 spinster（未婚女子、老姑娘）时，你是否会觉得它和 spin（纺织）很相像？它们俩之间有什么故事？早在 14 世纪，spinster 用来指任何纺织者，无论是男人还是女人。然而到了 17 世纪，spinster 就单指未婚女性了，可能她们是通过终日摇着纺车来打发时间，等待自己的白马王子出现。到了 18 世纪，这个词的外延就缩得更小了，专指那些在特定年龄，出于个人选择或环境原因未婚的女性。还有一个形容女性的词汇也与纺织有关。自 15 世纪起，distaff（纺车的拉线棒）就被喻指"女性"。On the distaff`s side 指的是 on the woman's side（母系、母方）。我不敢妄自揣测地把 spinster 转译成当今中国流行语"剩女"（leftover women），但却产生一种联想——把女性、女学、spin 和 distaff 联系起来，当然

I

这并非出于"性别本质论"把女性劳动分工角色固定在纺织上。作这种联想时我脑海里会出现一幅温馨的画面：一位女性或母亲在午后柔和的阳光里，坐在窗边纺线和织毛衣的样子，我相信那一刻她的内心和整个世界都是宁静的，时光也不再流动……

女性纺织有着悠久的历史。2012年，我到瑞典朋友Lena Trojer教授家串门，发现她家有一个房间摆着她祖母的织布机，她说自己时而也会用它来织毛巾、织毯子，这让我在羡慕中充满联想：这台织布机承载和延续着祖辈的日子——那样的质朴、安宁和厚重……从某种意义上说，女性的生命、生活、苦难和希望都与spin相关，或者说她们把自己生命中的一切现实和梦想都编织在织布机的作品中。在我的性别课上有一位女生，是清华大学美术学院第一个攻读"纤维艺术"专业的博士生。每每地，我们会在安静的夜晚，在我办公室昏黄的灯光里一起兴奋地交流这门艺术的历史，讨论它与女性亘古不变的情缘，以及全世界的女性如何世世代代地通过这门艺术来表达自己的生命存在，最后我们得出一个真谛：纤维艺术是女性的关怀叙事，如果你返回历史场景，再度凝视女性的作品，便会读出许许多多关于她们时代、家庭、情感和希望的故事，并不断地验证着女性"关怀"和"爱"的美德。如今，我已经不像多年前写作《女性主义关怀伦理学》时乐此不疲地从理性和知性层面争辩把女性与关怀、爱捆绑在一起的危险，讨论如何从哲学本体论上避开女性与关怀、爱的本质联系，因为无论从 sex 和 gender 来看，女性都是，或应当是让人感到温暖的性别，如果不是如此，女性主义存在将无意义。或者说，女性主义存在的意义就是让女性、让男性、让人类、让世界更温暖。

女性的生命、女学都是女性自己 spin 出来的，在这里，我之所以没有把这个词变成动名词，而让其保持动词原型是更想强调它"动"和"发动"的本意。同 spin 一样，女学也是由女性"发动"的，从漫漫的历史长河流淌到今天，又向不知尽头的遥远未来流去……女学也是由女性自己纺织出来的作品，它时时在翻新，日新又新地呈现出对于这个世界、对于生命、对于生活、对于他人和自身的温暖和关怀……人们常说，"妈妈在哪里，家就在哪里"，而我想说，女性在哪里，关怀和温暖就在哪里，女学在哪里，女性的创造力和她们编织的故事就在哪里。在她们的故事里，肯定有你，有我，有冬日阳光照耀在后背上的温暖，有碧空如洗的干净，有春雨润物的清爽，有星夜蝉鸣的静谧……

2012 年，中国妇女报编辑蔡双喜告诉我，她和禹燕正在策划一个《中国妇女报：新女学周刊》，让我开个"肖巍专栏"，我欣然接受。六年多来，我不仅通过这个专栏与读者交流，还与编辑团队成为好朋友，他们中有《中国妇女报》总编辑孙钱斌、副总编辑禹燕、《新女学周刊》主编蔡双喜，以及编辑刘天红等人。我把自己六年来相关的体会和行踪点滴都写进这方专栏，尽管观点、问题、信息要多于深入研究和分析，但我还是乐于呈现出来，充满诚意地与大家分享自己的想法和见闻，因为我深知人生渺小学海无涯，如果读者能通过这种方式了解到一些信息，对我来说便足矣。

本文集体现出一种"思致道远"的特点，这来自《新女学周刊》中的"新女学"和"前沿视点"的理念，我们都是用思来开道的，这个"道"可以理解为路径，也可以视为一种思维的开拓力和价值理念，以及对于理想社会和人性的追求。21世纪是一个人们对于空间有更多追求的时代，但我们的物质空间有限时，我们能拥有的是思想的天空，那种永远都望不到边际的"超越性"会让我们产生一种无名的激动和热烈的向往。这种"思致"常常让我热血沸腾，能够直面和横扫一切眼前的琐碎，静静地、安然地作为一个旁观者游离于世。然而，我实际上绝不是这个世界的陌生人，我把精力置于"道远"上面，尽管艰难，但在路上。作为一个有各种局限性的学者，我的思仅仅具有"点"的特点，所以我的专栏文章多在"前沿视点"中呈现，文章中"点"的内容多于论证，无论是理论视点还是现实问题意识之点。这种点状的思维模式也很吻合我目前的生活节奏，由于阅读和经历，我常常被自己脑海中的诸多新奇想法和知识深深地吸引，但我好像很少有大块的时间把它们编织成一张有机联系的网络，又唯恐这些闪光的思想火花瞬间即逝，便用专栏的形式把它们记录下来，也意味着封存在一个坛子里，等时间允许我再慢慢地加工烹饪，同时也能让其他学者尽早地感知到各种吸引着我、引领着我的新视点。或许，这些"点"就是我日常生活存在的意义，我期待和盼望着自己有机会把它们再度点燃。

本文集收入我在"肖巍专栏"发表的五十余篇文章，但不是全部，还有一些已被收入到我2016年出版的《心远不思归》一书中，也有个别文章发表在其他报刊上。本文集中有多篇文章和观点分别被不同网站转载。《新女学周刊》有一个十分敬业和专业的编辑团队，总能以醒目的文字点亮文章的标题，但在这本文集中，我又改动一些题目，因为我认为文集中的题目可以更随意些。

近来在读明代思想大师陈继儒的作品，他的许多句子很入心，例如："天巧无术，用术者，所以是拙。""性自有常，故任性人终不失性。"我的文章如同我的为人一样简单无术、拙和任性，而这里的"拙"不是因为用术，而是缘于没有"天巧"的笨拙，也正是因为这种笨拙，我更希望他人和读者的点拨，并且始终在不懈地努力着……

作者

2018年初夏清华园

目录

I

二、女性、女性主义与哲学

三、文化、体验与教育

一、身体、精神与伦理

福柯论"身体"

从某种意义上说，福柯的身体概念颇受女性主义学者的青睐，原因之一是他对于身体的权力解构，他相信性别并非身体的内在自然属性，而是特定权力关系的产物，这一观点显然与"社会性别"，甚至巴特勒的"性别表演"概念有异曲同工之妙。然而，尽管女性主义学者喜欢利用福柯的反本质论身体概念解释女性压迫问题，但也指出他实际上忽视了身体的性别属性，存在着"性别盲点"，而且福柯的身体概念最终可能导致对于行为者的被动解释，这自然与女性主义的目标相左，因为后者要重新发现女性和呈现她们的体验。

20 世纪 90 年代初，女性主义学者洛伊斯·麦克内（Lois McNay）发表《福柯式身体及其对体验的排斥》一文，有代表性地从女性主义视角讨论了福柯的身体概念，表达出女性主义学者对于福柯理论既爱又恨的矛盾心理。

首先，她认为福柯强调了历史、权力关系对于身体的影响。身体不仅是福柯理论的核心概念，也是法国后结构主义的核心范畴，后结构主义对于传统的二元论思维体系进行解构，这种解构分两个步骤进行：其一是把等级制的二元结构，如精神和物质、理性和情感倒置过来，其二是证明长期以来二元论声称的相互排斥的对立因素实际上是不可分割地纠缠在一起的，例如笛卡尔的身心二元论把抽象的、前话语的主体置于中心地位，把身体和情感理解为与精神和理性的对立物，而福柯则通过讨论历史对这一观点进行解构，并由此阐释身体概念。

在《尼采、系谱学和历史》一文中，福柯批评传统的历史观，认为它主要被某些形而上学概念，以及从主体哲学演绎出来的假设所主宰，这种传统或"整体"历史观采取一种"超验性神学"的方式把事件插入到普遍的解释方案和线性的历史结构中来，因而是一个虚幻的整体。福柯相信这种传统历史观是对伟大时刻的虚幻庆贺，把自我反省的主体安置在历史活动的中心，依据宏大意识来看待历史，把历史发展视为对人性的展开和确定。福柯认为历史并非是连续性地发展，并通过一个理想的方案来运作的。相反，它是各种权力不断斗争的结果，身体被置于不同权力斗争的核心。身体通过围绕着自己发生的战争不断地被塑造。因此，身体是一个反本质论的术语：在人们身体上没有任何东西足以稳定到能够成为自我承认和理解他人的基础。麦克内认为，在过去的一些年里，福柯的这种身体概念为女性主义的相关思考作出了重要贡献。在后结构主义对于这一主题的所有论述中，当属福柯最受女性主义关注，因为他坚持身体是一个特有的历史和文化实体，而不是如同德里达等人那样把身体视为一种普遍哲学的隐喻。

其次，麦克内也看到，尽管福柯对身体采取一种反本质论的理解，但他也把身体想象为一种具体的存在，并没有忽略它与生物学和前话语具有本质联系的物质性，这对于女性主义从性别和社会性别角度理解身体也具有重要意义。身体概念一直是女性主义分析性别压迫的核心，因为父权制文化正是通过强调男女身体方面的生物学差异，才使性别不平等获得合法化地位——强调身体是自然的，女性在生物学上劣于男性，这种自然化的身体便成为使性别压迫合法化的工具，因而女性主义在解释身体概念时就面临一个困境：如何在性别和社会性别的区分中说明身体概念？

在早期思考中，一些女性主义学者坚决拒绝女性普遍的母亲身份，认为这是异性恋强加给所有女性的社会命运。然而，麦克内却认为，在福柯的影响下，今天的女性主义者对于这个问题的态度更为灵活，既把母亲视为父权制主宰的主要支柱，也把它看成女性身份的来源。这也代表女性主义对于身体概念认识上的一种进步——既非基于一种固有的生物学本质，也不把它仅仅视为社会建构的结果。相反，身体被理解为一个交叉点——把生物学与社会、政治权力与主体性交叉起来。身体的这种双边性也关系到对女性身份的建构，女性身份正是在这种由身体体现出的性别与社会性别的交叉中建构起来的。

再次，福柯也让人注意到，权力关系对于性别的建构也体现在对于身体的规训、压抑和控制方面。他认为权力安置直接与身体、功能和生理过程挂钩。人们不可能在文化意义之外认识身体的物质性。尽管心理冲动和身体的内驱力可以成为性别身份的入口，但这些驱动力并非是前社会的，而是在社会性别意义网络中形成的，既然身体不能根据纯粹的本质来认识，性别解放也不能离开权力关系。因而，麦克内指出，福柯关于性别是对社会关系建构的观点不仅激励女性主义学者研究女性身体与意识形态之间的关系，也同样刺激人们对于男性问题和男性身体的研究。

然而，麦克内也强调，虽然福柯的身体概念对于女性主义身体与性别理论作出重要贡献，但女性主义也必须注意到福柯在性别问题上的一些不足。对福柯理论的一种批评是认为他并没有意识到对于身体的规训所具有的社会性别本质，这直接导致其理论中的"性别盲点"。正如女性主义学者桑德拉·巴特基所分析的那样，福柯没有解释男女两性如何与现代生活体制发生不同的关联，如果他真的相信并不存在自然的身体，那么也需要说明社会如何通过性别技术使性别分工永久化了。通过分析各种指向女性和女性身体的实践和话语，巴特基意识到女性身体如何通过"针对女性的规训体制"被规范和控制。麦克内赞同巴特基的这种解释，认为福柯的《规训与惩罚》一书明显体现出这一"性别盲点"，把一种同构的权力关系直接应用于男女身体，而没有把男女两性身体区分开来。这样一来，女性的身体概念也是模糊的，如同女性概念一样总与"人"和"男性"并列。然而，要分析女性身体，就必须要考虑针对女性身体的规训技术，例如"癔病化"等等，同时也要考虑如何通过男性身体的历史来把握女性身体的历史，转而又如何与社会中出现的其他变化相联系。

麦克内还看到，福柯身体概念的另一个局限性在于仅仅强调社会权力关系对性别和身体的塑造，而没有突出女性的主体地位和自身的体验，继而把具有自主能动性的社会行为者降至为一个被动的身体。而女性主义理论的终极目标是发现和重估女性的生存体验，重建女性的主体性和自主性，这也证明福柯身体概念中存在着"性别盲点"。

然而，麦克内的这一评论似乎没有悟出福柯把身体与权力关系相联系的另一层含义：即他看到压抑总会遇到不同的抵抗形式，"不存在着没有抵抗的权力关系，而这种抵抗通常是更为真实和有效的，因为它刚好发生在权力得以行使的地方"。从这一意义上说，福柯身体概念体现出来的"反本质论"是对以"自然化"为名所呈现出来的权力关系的一种抵抗，而女性主义对于福柯这一理论的批评既是对这种抵抗的延续，也是对于这种权力关系的打破与重建。

身体、缘身性与认知

　　研究"缘身性"（embodiment）问题对于人的主体建构、性别认同和性别关系塑造，以及身心关系、精神健康都具有重要的理论和现实意义。在女性主义哲学面临进入主流哲学，与当代自然科学、人文社会科学相关学科交叉互动的历史转折点上，通过某一重要领域或者问题打开沟通之门，不仅具有方法论上的创新意义，也会影响性别哲学研究的走向，而"缘身性"或许可以成为这样一个重要领域或者问题。

　　如今，对于身体、缘身性，以及缘身认知问题的研究已经成为一场重塑认知科学的学术运动，这场运动对于哲学、神经科学和心理学，以及精神病学都产生了重要的影响。什么是缘身性？顾名思义与"身体"相关，国内一些学者通常把 embodiment 译为"具身性"，把"缘身认知"（embodied cognition）译为"具身认知"，然而不同的译法并不妨碍人们对于这些问题本质的探究。

1991年，弗兰西斯·J.瓦雷拉、伊万·汤普森和埃莉诺·罗施出版了《缘身心智：认知科学和人类体验》一书，阐释"缘身性"概念和作为缘身性行为的认知。"我们使用'缘身性'术语意在强调两点：其一，认知来自具有不同感知运动能力的身体的各种体验。其二，这些个体的感知运动能力本身被嵌入到一个更具有包容性的生物、心理和文化情境之中。我们使用'行为'术语意在再度强调感觉与运动过程，知觉和行为与有生命的认知从根本上说是不能分离的。实际上，这两者并非在个体身上偶然地联系在一起，它们一直是一道进化的。"因而，根据汤普森等人的看法，有机体的感觉和认知运动并不是仅仅存在于大脑之中，而是与其身体、生物、心理和文化环境紧密联系在一起，并且随着这些因素进化，无论是认知科学，还是心理学、精神病学都无法仅仅局限从一个方面——人的大脑或者环境，以及由此而来的身心体验来讨论认知、性别身份、主体和精神健康问题。而且，在当代神经科学发展背景下，"缘身认知"已成为一个时代主题。

根据美国学者劳伦斯·夏皮罗（Lawrence Shapiro）的观点，缘身认知呈现为三个观念：其一是概念化：一个有机体的身体属性限制或约束了它能习得的概念，也就是说有机体总是依据自己的身体属性来理解周围世界的，身体属性不同，对于世界的理解也不同。其二是替代：一个与环境进行交互作用的有机体身体取代了被认为是认知核心的符号计算过程。其三是构成：在认知加工过程中，身体或世界成为认知的组成部分。在这里，夏皮罗强调的关键词是概念化、替代和构成。"概念化"表明身体决定、限制或约束有机体如何构想它的世界，所以有机体并不是被动地接受这个世界，而是主动地制造了它的世界，同时也并不存在等待有机体去发现的"预先给予"的世界。而"替代"的目的是试图抛弃标准认知科学的方法和概念，以便为新的方法和概念提供基础。"构成"是对传统认知科学的延伸，由于以往的认知科学不愿意延伸自身以便包括非神经资源，所以也无法看到超出大脑之外的认知可能性和前景，而"构成"理论对于传统认知科学的这种延伸却是"它的实践者始料未及的"。因而，夏皮罗把"缘身认知"视为认知科学发展的一个具有"启示意义"的方向。

由此可见，当代神经科学主要从认知科学出发探讨缘身性问题，并以缘身认知来替代和挑战传统的认知科学。这一新的研究趋向已经对认知科学和精神病学等领域产生重要的影响。例如 2014 年 6 月 26—29 日，第十六届世界哲学、精神病学与心理学大会在保加利亚召开，在这次会议上，来自德国海德堡大学的托马斯·福克斯以精神分裂症为例，对于精神病学进行一种"缘身性"探讨，分析"精神疾病是否为大脑疾病"的问题。在他看来，依据身体现象学理论，有病的不是"病人"，而是病人在"疾病之中"，不是病人病了，而是他的世界病了。因而，依据这一思路，精神疾病的病因并不是个体大脑功能的失调，而是病人"在世存在"方式的障碍，这尤其表现在与他人互动，建构一个共同分享的世界方面。个体自我的身心分离，以及与他人和世界的分离是精神疾病的重要社会成因。这些分离导致自我在世界中的迷失，幻觉可以被描述为在共同建构一个可以与他人分享的世界方面出现障碍。

当代神经科学围绕着"缘身性"及"缘身认知"的新发展可以为性别哲学，以及精神病学研究提供三点启示：首先，人们都是依据身体属性来认识和理解世界的，这并不是在主张一种"生物决定论"，而是强调把生物、心理和文化环境结合起来阐释人的认知。尽管女性主义在讨论性别问题时可以把"生物性别"与"社会性别"分开，但这仅仅限于理论和概念领域，而在现实生活中，对于每一个具体的男女个体来说，这两种性别一刻也不能分离。其次，由于性别在"缘身性"体验方面的差异，人的认知也必然不同，这为女性主义基于性别来探讨认知和认识论奠定基础，而对于女性的"缘身性"体验和"缘身认知"的研究也应当成为女性主义哲学研究的新方向。再次，当代神经科学的新发展也为精神病学研究开启新的方向，使人们不再像以往那样仅仅关注大脑功能的正常还是失调，而是意识到由于不同群体身体和所处的社会文化环境的差异，认知和生存体验也会不同。

借助当代神经科学的新发展，对于"缘身性""缘身认知"，以及女性"缘身性"等研究也渐渐地成为性别哲学研究的一个新走向，一些为人熟悉的女性主义哲学家，诸如波伏瓦、托莉·莫娃、朱迪斯·巴特勒、艾里斯·M.杨、露丝·伊丽格瑞、茱莉亚·克里斯蒂娃和西苏等人已经在这一领域做出有益的探讨。新近也有一些女性主义学者从独特的视角关注这些问题，例如英国政治哲学家罗伊斯·麦克内以女性"缘身性"体验解释女性的"能动性"问题，提出一种批评现象学的体验理论，希望既要摆脱"本质论"，又不放弃强调语言、身体与权力之间内在联系的后结构主义观点。她认为，弗洛伊德和拉康的精神分析学坚持了一种心理决定论，而自由主义对于能动性的解释却夸大了理性的作用，一些当代性别哲学理论虽然在讨论能动性问题时引入了性别视角，强调不能忽视情感作用，但这些理论依旧赋予性别和性以超越其他因素的特权，以过度性别化的术语来建构能动性，从而忽视了缘身性倾向，以及主体与世界和社会的关联。因而，麦克内强调一种"缘身性实践"，认为女性只有在首先理解了身体和情境之后，才有可能理解压迫，以及它如何限制和激励自身的行为，从而积极地重塑自身的"能动性"，为更广泛的政治和道德参与做好准备。

《你能治愈我的癌症吗？》

我国正在迅速地进入老龄化社会，目前是世界上老年人口最多的国家，占全球老年人口总量的五分之一。面对未富先老和未备先老等社会发展现状，西方国家在医疗技术方面的新进步可以为我们提供许多借鉴。2014 年，英国 BBC 电视台的"全景"栏目播放了一部纪录片《你能治愈我的癌症吗？》，让人很有感触。

长寿一直是人类社会的一个夙愿，然而如何健康地长寿，以新的医学技术和治疗方法消除或减少疾病、攻克癌症等绝症，是各国医学科学家努力的方向。据"全景"的数据，英国目前每年约有 250 万人被诊断出癌症，每年有 7000 多名妇女患上卵巢癌，有二分之一的英国人会患上癌症，癌症几乎冲击到英国的每一个家庭。

位于伦敦的"皇家马斯登医院"（The Royal Marsden）是世界上第一所致力于癌症治疗的医院，它与英国国民医疗保健体制（NHS）和癌症研究所（ICR，The Institute of Cancer Research）合作共同在攻克癌症的第一线上作战，针对不同的癌症研发新药物和新疗法。这需要一些癌症患者自愿地参与这一研究过程，在为自己生存寻找最后希望的同时，也把身体，甚至生命献给癌症治疗事业，为他人的健康作出人道主义贡献。而这部"全景"纪录片结合几个研究受试者（subject）的故事讲述了目前英国癌症治疗的新思路，以及药物和临床试验的现状。

迄今为止，人类基因图谱的绘制及基因科学的发展，使癌症治疗取得了历史上前所未有的进步，马斯登一直努力基于基因学的进步研发更聪明的新一代药物。这些新药之所以能够出现是由于人类对基因学有了更充分的理解，DNA序列的革命意味着人们能以比以往更快、更经济、更详细的方式绘制疾病图谱。癌症通常是由于健康细胞的变异产生，这导致细胞不可控制地生长。化疗是治疗癌症的传统疗法，但它在杀伤癌细胞的同时，对于健康组织也产生很大的破坏。而新一代的靶向基因药物则不同，它的设计直接针对促使肿瘤生长的癌细胞，使其失去功能和死掉。在这家医院里，目前最小的患者是10岁的苏菲，她患有罕见的呼吸系统肿瘤，她说自己在服用一种还没有名字，只有字母和数字的药物（LDK378），这种治疗已经使她体内的肿瘤缩小，表明对她而言，靶向药物治疗取得成功。这家医院每年都会接收

170多名如同苏菲一样的儿童癌症患者，出于他们都是未成年人，以及风险和伦理等方面的考虑，使用新的药物和治疗需要更加谨慎。通常都是先进行小鼠试验，待有了一定的疗效，再让患者服用。然而，无论如何，这些孩子都是尝试新药物和新治疗的第一人，其父母的恐怖和担心可想而知。但苏菲却表现出勇敢和淡定，她与同龄人一样地快乐，对命运没有一句抱怨，所以医生说她是一个"有奇迹"的孩子。

83岁的老人约翰是一个晚期前列腺癌患者，也在这家医院参与一项全球大约有1000多名男性参加的盲对照试验。这种药物也是一种靶向治疗，试图阻止促使前列腺癌生长的荷尔蒙信号。在这一试验的受试者中，有一半人服用新药，一半人服用安慰剂。约翰说自己非常希望成为服用新药的人，而他也十分幸运，这种被称作Enzalutamide的药物的确在他身上取得很好的疗效，并且获得认证投入使用。医生说前列腺癌通常的生存期是5到10年，而这种药可以让患者有更多年的生存机率，他们认为已经看到了曙光——把这种疾病转变成如同高血压和糖尿病一样的慢性病。

一位叫塔米的妇女30岁时就被诊断出患有卵巢癌，通常对付这种定点癌症的方法是放疗和手术，然而一旦癌症出现转移和扩散，化疗便成为一种控制手段。塔米进行了手术和十几次化疗之后，还是没能控制住病情，最后她来到马斯登医院，成为参与新药物治疗的先驱者。她参与的治疗是针对个体癌症中所特有的基因变异而专门研发的"个体化治疗"，其疗效等待她用自己的身体来验证。当人们问塔米尝试这种新基因疗法的感受时，她说："我感觉难以置信，我们失去了患乳腺癌的母亲，我还有女儿、侄女和姐妹，我这样做是想为她们做点事情，使我女儿有希望避免经历与我一样的厄运。"当人们问一位医生与许多像塔米一样的人们一道研发癌症新疗法的感受时，他也深有感触地说："实际上，与这些人们一道参与攻克癌症之旅是人生中的一种幸运。他们是药物发展的真正英雄，自愿地接受所有治疗，并且很清楚自己很少有机会从中受益。他们是秉承人道主义精神，为了子孙后代才这样做的。"

皇家马斯登医院被称作"与癌症拼搏的战场"，正是由于无数人的努力，英国的癌症存活率比40年前增加了一倍，有一半被诊断出癌症的患者达到至少10年以上的生存期。而且有一部分癌症已经可以治愈，尤其是那些早期发现的癌症。然而，"胜败乃兵家常事"，许多人也在与癌症的对抗中失败。研究者们把癌细胞比喻成"恶魔大才"，这是因为它们能够不断地学习进化的技巧让自己生存下来，如同达尔文的进化论所描述的那样进行自然选择。癌细胞的DNA具有内在的不稳定性，每时每刻都在复制自身，出现更多的基因错误，而这意味着疾病的迅速发展，当攻击它们的药物被研发出来后，这种自然选择使癌细胞产生抗药性（resistance）

存活下来。科学家把这种癌细胞不断变异和进化的现象称作"克隆式进化"。也正因为癌症是一种有大量基因变异的复杂疾病，打击它的难度也如同"追逐一个飞靶"一样。许多靶向基因治疗最初疗效明显，但过了几个月之后，突然间不再有效。抗药性已成为新靶向治疗中的一个重大的挑战。"抗药性是不可避免的，我们正在尽最大的努力理解癌症的进化，理解得越多，人们就越能预计癌症下一步的走向。"这是目前马斯登人解决癌症治疗问题的一个着力点。

研究者也在研究如何利用患者自身的免疫力来杀死癌细胞。维希是一位恶性黑色素瘤患者，而且在被诊断患有这种疾病时，她的癌细胞已经扩散到乳腺和肺部，预计只有半年的生存期。她也来到马斯登接受一种新疗法，这种疗法的目的不是直接杀死癌细胞组织，而是调动她体内的免疫系统来对付癌症。目前，这种疗法也面临一个困境，就是免疫系统的"杀手细胞"很难识别不断对人体正常组织进行破坏性复制的癌细胞，有时它们竟然能通过在细胞表面进行一次"化学握手"，来阻止免疫系统作出反应。维希服用一种能阻止这种握手的新药，以便"杀手细胞"如同孙悟空一样辨别妖孽，擒妖降魔。

研究者也希望未来的癌症治疗可以把各种新的治疗方法结合起来，尤其是把基因药物治疗与免疫治疗结合起来，一道对付癌症的进化和抗药性，把如今这种令人恐怖的疾病转变成可以把控的慢性病——他们正在路上。科学的发展预示着人类光明的未来，人类总会有治愈癌症的那一天，请让我们满怀希望。

让我们对那些以自己鲜活的生命作为"受试体"，首次尝试各种癌症新药和新疗法的人们表示由衷的敬意。正是因为有了他们，我们才有理由满怀希望。事实上，科学与人道主义精神一直都是齐头并进的。

我是在跑步机上看完这部纪录片的，一个小时很快过去了。直到健身房的工作人员过来同我说话，我才恍如隔世地问了一句："啥事？"他说："我们要关门了。"这片子拍得真好，让人入迷，更让人久久地回味。

抑郁症这只"黑狗"

2014 年 8 月，英国著名精神病学家安东尼·斯托尔（Anthony Storr）的著作——《丘吉尔的黑狗——忧郁症与人类心灵的其他现象》中译本问世了。读罢方知，伟大的政治家、英国前首相丘吉尔也被抑郁症折磨了一生，以至于他把这种疾病带来的痛苦比喻成一直尾随着自己的一只"黑狗"。还有奥地利小说家弗兰兹·卡夫卡，科学家牛顿，作家雨果、伍尔夫、托尔斯泰，以及自由斗士马丁·路德金等人也都在名人抑郁症患者人群当中。

如今，丘吉尔的"黑狗"依旧跟随人类遍布世界的各个角落。世界卫生组织称，抑郁症是一种常见的精神疾患，其主要表现是悲伤、失去乐趣、无精打采、回避社交，甚至还有自杀的念头。全球范围内，共有超过 3.5 亿人患有抑郁症，遍布各个年龄段。《环球时报》2017 年 8 月 20 日发表的一篇文章给出一系列令人震惊的数字：美国有 570 万成年人患有抑郁症，2013年，美国有2500万人有过抑郁的经历。2011年，世界卫生组织公布一则数据称，有近36%的印度人"抑郁"。印度国家犯罪调查中心数据也显示，2012年，印度约有13.5万人自杀，其中1/3源自严重的精神疾病。中国每年约有25万人死于自杀，其中一半以上的人患有抑郁症。2009年，《华盛顿邮报》发表一项《学前抑郁症》报告称，年纪小至3岁的幼童也会出现抑郁症状，约5%的儿童和青少年会患上抑郁症。而且，新近又有澳大利亚专家呼吁新妈妈不要默默地承受抑郁，通常人们会想象初为人母是无比喜悦的，但事实上由于一些身心方面的原因，新妈妈却有可能情绪低落，甚至会患上抑郁症。

如此看来，痛打追逐过丘吉尔一类大人物、而且还在殃及众多百姓的这只抑郁症"黑狗"非得集人类的各种智慧，尤其是精神病学和心理学知识不可。斯托尔使用的工具是精神分析学，那么精神分析学是一门什么样的学问？它如何阐释"抑郁症"一类的精神疾病？我们又如何能从它那里获得对付和整治"黑狗"的手段和经验呢？

从临床心理学意义上说，精神分析是一种独特的、增强性的心理治疗形式，它可以加速个人的发展，使他们从生活中的不满意或者痛苦中解脱出来。在追求这一目标过程中，需要患者与精神分析学家紧密配合，认真关注过往与现在、身与心以及幻想的与实际的个人体验、人际关系体验之间的交互作用，这是一种深层的、能够启动一个人转变过程的解释说明。而从哲学意义上说，精神分析则不仅是一种身体理论和把握人们精神世界的方法，也是一种人类体验自身和心灵以及周围世界的方式，它提供了一种语言，用以描述精神的结构和灵魂的深度，以及主体、身份、性别、自我和道德观的形成与发展过程。然而，在斯托尔看来，精神分析却不是一门科学，这是因为：绝大多数的精神分析假说都是以分析治疗过程中的观察为基础的，而在这一过程中，观察者的主观经验和偏见不可避免地干预了观察。在临床实践中，有时病人所呈现的也只是主观想象而不是客观事实。而且，精神分析学家需要全面地考察抑郁症患者的人格因素，重视他们生活中的体验，以及人际关系问题，而这显然也与医学模式不同。同时，精神分析也需要一种直觉，这源于分析者主观的、人性的经验，不可能采取超然而不动心的态度，所以它也不可能成为一门真正的科学。

尽管如此，在阐释抑郁症的成因方面，精神分析学的确提出独到的见解。在《丘吉尔的黑狗》一书中，斯托尔也主要基于弗洛伊德等人的精神分析理论，结合一些大人物，例如政治家丘吉尔、小说家卡夫卡、科学家牛顿等人的生平来反思人类的抑郁症和精神健康问题。依据弗洛伊德的假设，人生最初五年的体验，以及它们对情绪的影响，对于成年人性格的塑造十分关键。斯托尔也主张，患有精神疾病的人，内在力量的运作是不均衡的，主要的人格特征是自尊心脆弱，如果一个人在婴幼儿时期得到妥善的照顾，内在拥有自尊的资源，便足以面对日后寻常的危机，然而，严重的抑郁症患者却缺乏这份自尊的资源，即便面对微小的挫折，也会不能自拔，并想方设法地逃离这种状态。例如在童年期最为关键的几年里，丘吉尔受到父母的冷落，一直由奶妈来抚养，他内在的自信资源被剥夺，这使他终其一生都在与自己的绝望战斗，强迫自我与内在本质作对。卡夫卡也是一个从小受父母冷落的人，他的父亲是一个专断和固执的人，经常恐吓和压制孩子，以至于卡夫卡成年时曾给父亲写信说："我失去了自信，这与你大有关系，而换来的则是无所不在的罪恶感。"在同时代人的眼里，牛顿也一度被看成是疯子，斯托尔认为这也与其童年生活有关。牛顿的父亲是一个农民，在他出生前去世了。牛顿三岁时，母亲改嫁，他遭到继父的抛弃，一直由外婆抚养，牛顿始终对这一经历无法释怀。牛顿的"性情极端偏于谨慎、恐惧与多疑"，以至于中年后由于精神疾病的折磨而失去创造力。

精神分析学在帮助我们对付和整治抑郁症"黑狗"方面，至少可以提供三点经验：其一是关注婴儿的早期体验，因为那是一个人自尊和自信的起点和源泉。如果在哺乳过程中，孩子能感受到爱，内心就有一种自我价值感，能够超越童年的挫折和失落，并维持一种信念：这个世界是自己可以安身立命的地方，这种信念将维持一生。依据斯托尔的分析，嫉妒也与人的自幼成长相关，婴儿的成长如果是快乐的、自信的，又能与别人建立良好的关系，那么一定是有一位健康的母亲，以那种非理性的慈爱呵护孩子。如果孩子受到的呵护不足，感情的发展也会遇到障碍。其二是关注患者的人际关系世界。当代精神分析学已经不再如同以往一样把精神疾病患者置于一个封闭的体系中催眠或自由联想，而是转向对患者人际关系世界的探索，强调精神分析学家"真正的重点在于对人的了解，以及对人际关系的关切"。其三是关注患者的自我认同。心理学家荣格认为人格"是对自己之所以是自己的绝对确认"。斯托尔也把自我认同看成一种明确而充分的自我体验，它由三个因素构成：与他人的互动，因为它有赖于对照，没有互动和对照，自我认同便是没有意义的；有自尊，既然自我认同意味着差异中的比较，一个人就必须先看重和尊重自己；有自主性，为了被他人平等对待，一个人必须有坚定的自主意识。

像所有文化理论一样，精神分析的理论设置、假设和概念化只是通向真理和客观的工具与方法，而不是真理或客观本身。我理解，无论精神分析和其他精神病学、心理学理论多么深奥，对人性和人的心灵作出何种假设和想象，其终极目的都只有一个：呼唤人世间的关怀、爱和希望。有了这些，人们就会有自尊，有自信，有自我认同感，有归属感和幸福感，即便不时地也会遇到流窜到自家门口的"黑狗"，也照样能够阳光地走出家门。只有关怀和爱才能造就关怀和爱，现实以及未来的社会和个体是否幸福都把握在我们今天是否关怀的一念之间，以及行为抉择之中。

卡桑德拉之恋

　　美国学者约瑟夫·施瓦兹的《卡桑德拉的女儿》堪称一部完整的精神分析发展史著作。19世纪末，自然科学方法已经出现了400年，时下却很缺乏解释人的内在自我意识和世界的学问，同时由于战争和自然伤害，以及人际关系的支离破碎，人们的心灵秩序是混乱的，迫切需要一种能够理解人类精神痛苦和治疗的方法。于是，精神分析应运而生。

　　《卡桑德拉的女儿》的书名很耐人寻味。在古希腊神话中，卡桑德拉是特洛伊城的公主，阿波罗赐予她预言能力，但由于卡桑德拉拒绝了阿波罗的爱，后者便判决她的预言永远不被相信。施瓦兹用这个神话隐喻科学与精神分析的微妙关系，前者赋予后者以预言能力，但后者又拒绝了前者，所以科学便好像阿波罗一样宣布精神分析将不再被相信。然而，卡桑德拉毕竟离我们过于久远了，施瓦兹便让她的女儿出来讲述今天发生的科学与精神分析的故事。倘若再深入体悟下去，便会发现在对西方文化起源的解说中，女人的预言能力原本都是男人赋予的，如果女人不顺从男人，拒绝他们的爱，男人便会宣布她丧失这种能力。不过还有一个奇妙之处是，尽管男人如此宣布，但他却与女人有着千丝万缕的割不断的关系，而且这种关系一直延续到今日。这也足以表明，事物的发展有时并不像男人的想象那样，他们手中的权力和自我本身好像还被更强大的力量——自然和人性的力量把控着。精神分析的命运似乎也证实了这一点，虽然它是20世纪遭受非议最多的学科，但同时也是发展最快的，与文学、精神病学和医学，以及心理学大面积接壤的理论；尽管许多人不相信它，如同后来的阿波罗不相信卡桑德拉一样，但人们的日常生活和语言却总是离不开潜意识、压抑、本我、恋母情结、投射和歇斯底里等由精神分析派生的或与其密切相关的词语，这些词语宛若星星般地闪烁在我们的时尚中、生活中，以及对梦境的分析中，让人无处可逃。

施瓦兹也看到，在"理性""客观性"和"科学中立"占主导地位的西方社会，人们习惯于根据性别分工来分配人的性情，把情绪和主观性说成是女人的事情，认为她们的工作是促进、建立和维持人际关系中的情感，强调女人的直觉就是认可他人情感的内在敏感度。这也可以解释精神分析为何受到排斥，因为信奉传统的人们认为它是主观性的，而主观性恰好是女人的弱点，所以精神分析实际上便是"在男人主宰的社会里干了女人的活计"。然而，就是这样一种让人既爱又恨的东西却在不经意间走过了百年的历史，使施瓦兹有可能完成这部著作。对于一部历史，人们大可采取不同的方式来叙述，而且还要有特定的标记。在本书中，施瓦兹对精神分析学百年来在欧美社会的发展有四个定位标记——弗洛伊德、精神分析的自然科学起源、分析时间的发明和精神分析内部的分裂。

作为这百年历史的第一个标记，弗洛伊德无疑是一个传奇式人物。他被视为谈话治疗的开创者，西方社会有一句古老的医学谚语："医生治疗，上帝治愈。"谈话治疗是一种新疗法，但能否治愈还要仰仗上帝。这种治疗说到底是一种"倾听治疗"，要保证病人讲的话必须被听到，而且病人必须意识到自己被听到，医患关系也由此成为治疗的有机组成部分。我感觉对于医患关系的这种理解具有非凡的意义，如今的人们在谈论医患关系时总是从时空上把它剥离在治疗之外，而没有把它置于治疗之中，这种看似简单的一念之差却不仅表明当代医学人文素质发展的局限性，也成为许多医患矛盾的来源。总的来说，弗洛伊德试图通过谈话了解病因，而不是症状，认为病因是人际关系在个体内心世界的反映，而不是大脑和中枢神经系统异常的状态。在这方面，他的确是一个睿智者，开创一套方法用来了解人类和个体经历的内在世界，用犀利的目光穿透每一个眼神和行为洞察到我们内心的秘密。同时，他也是"一个投射对象，是我们可以投射失望、恐惧、爱和渴望等感情的名人"。施瓦兹强调，弗洛伊德精神分析的意义或许在于率先允许人类主体为自己说话，并由此创造一个内在空间，让主体在这里寻找自身经历的含义，"结果成功病例中的每位个体，都变成了叙说自身经历的小说家或诗人"。

精神分析的自然科学起源是百年精神分析史的第二个标记。如同阿波罗最初爱恋卡桑德拉一样，精神分析的问世最初也基于 19 世纪的一个科学假设，即世界是可以被理解的。作为神经科学家，当时的弗洛伊德也想用科学方式理解歇斯底里症、恐惧症、强迫症和妄想症等病症，但他后来却放弃了对于神经病学机制的探求，认为无论生物学还是神经病学定律"都不足以解释物质形态可能有病理性焦虑的心理学现象"。可以说，精神分析与精神病学一样都试图找到治疗人类精神痛苦的有效方法，但二者的知识传统和思维方式却是不同的，精神病学起源于医学，更倾向于探讨疾病的生物学机制。而弗洛伊德放弃了对这种生物学机制的探讨之后，精神分析依旧面临着一个悬而未决的问题：即人的心理意念如何被转换为生理机制的问题。例如歇斯底里症在很大程度上是由心理意念引发的，但却有抽搐和知觉丧失等身体症状。当代精神病哲学也不断地争论精神障碍是生物因素还是心理 / 社会因素导致的问题，精神病学家和哲学家各执一词，我想这也反映出阿波罗与卡桑德拉、科学与精神分析之间有史以来便理不清的关系，而且这一局面也许会伴随着人类的存在永久地存在下去。但无论如何，对于精神疾病原因的探讨是十分必要的，面对众多的精神疾病人群，病因的理解直接影响到治疗手段的选择，在历史上和现实中，都不乏由于对病因缺乏理解而采用残酷手段治疗精神疾病的案例。

分析时间的发明是百年精神分析史的第三个标记。施瓦兹认为，这也是对于人类知识和实践的一个永恒的贡献。在以小时为单位的重复性面谈中，强烈而困难的思想、情感便会渐渐地呈现出来，医生需要长期专心的倾听，才能理解病人的生活经历和症状，这种医患之间的"分析"关系日后也发展成"移情"关系，并受到关注和引起广泛的争议。

精神分析内部的分裂是百年精神分析史的第四个标记。在施瓦兹看来，这种分裂是必然的，因为如同物质世界有各种结构一样，人的内在世界也是有结构的，不同的学者会为不同结构的不同侧面所吸引，于是，在第一次世界大战前，便有维也纳的弗洛伊德、荣格和阿德勒之间的分裂。两次世界大战之间，精神分析的重心也从维也纳、柏林转到纽约和伦敦，直至后来发展出英美两条独立的路线。英方的突出代表是克莱因的"对象关系"理论，她关注对于儿童的精神分析，认为建立关系的失败是心理障碍的原因。美方则倾向于用人际关系解释最极端的心理痛苦。由此又可以证明，无论精神分析百年来在欧美社会经历过何种时空的变换，也始终摆脱不了阿波罗与卡桑德拉之间那种"剪不断，理还乱"的关系，即便在精神分析内部，分裂和统一也离不开对于"关系"的理解和阐释，走笔于此，我突然想斗胆地推论说：看来"关系"才是打开人类精神痛苦之门的钥匙。

精神残障新说

　　精神健康已经成为当代社会一个严峻的公共健康问题，在这种背景下，一些女性主义学者试图以女性主义视角分析精神残障的起因和应对，提出女性主义精神残障理论（psychiatric disability），尝试从新的角度研究女性主义生命伦理学。尽管它目前还处于襁褓之中，尚未形成完整的理论，但所提出的问题却引人深思。

　　随着社会和文明的进步，各国的相关法律都规定残障人在政治、经济、文化、社会和家庭生活等方面享有同其他公民平等的权利，其公民权利和人格尊严受到法律的保护。然而事实上，残障人在社会现实生活中却受到不同程度的歧视和不公正待遇。

　　根据女性主义精神病学家的研究，精神残障大都与伤害密切关联。在临床就诊的精神疾病患者中，许多人都在童年时期遭受过虐待。有 50%—60% 的住院患者和 40%—

60%的院外患者有童年时代遭受身体或性虐待的历史。早在19世纪末期，弗洛伊德便曾指出，女性的癔病是由童年时代所受到的性虐待导致的。女性主义学者安德利亚·尼基（Andrea Nicki）也认为，精神疾病不仅与伤害和虐待相关，也与社会偏见、歧视和性别歧视、社会不公正、边缘化和贫困相关，也有证据表明："精神疾病主要存在于女性、同性恋者、贫困者、失业者、无家可归者、身体残障者、边缘化者和老年人口中。"

我以为，与伤害相关的精神疾病是精神世界对于心理和精神压力的一种回应，如同癌症是身体对于不良环境所作出的反应一样。1972年，女性主义学者菲利斯·切斯勒在其经典著作《妇女与疯癫》一书中，也强调无论从本质上还是文字上看，女性的精神疾病都是女性无权无势，以及不能成功地改变这种局面的一种表达。女性的精神疾病既是对自己处境的一种抗议，也表达出想滞留在这种状态中的一种任性。这种看法会让人联想到女性写作中的"疯语"策略，既表达了对父权制的一种颠覆和反抗，也表达出女作家内心的自卑情绪。同样，一些相信精神疾病社会成因的女性主义学者还认为，社会和义化对于女性精神疾病患者的态度也会加剧她们的病情。自亚里士多德时代起，西方文化就认为人是具有理性的、能够自我控制的、温和的与中庸的。而在女性主义学者看来，这种人之肖像是基于身心健康者和理性建构起来的，它使社会不仅无法把患有身心疾病的人整合到这一概念中来，为残障人提供服务，相反还会以"非理性"和"受情感控制"来描述精神疾病患者，使之置于边缘化的地位。而由于这些负面的肖像，这些患者也会进一步丧失适应社会和自我的能力，充满自卑和恐惧，无法接受自己身体或者精神患病的现实。因而，尼基等人强调，我们必须从文化和社会因素入手来研究精神疾病。她认为由于长久以来西方文化对身体的控制，人们会不同程度地拒绝有身体残障的人，同样，由于西方文化对精神的控制，也会拒绝有精神残障的人们。

什么是女性主义精神残障理论？尼基等人强调，首先，这一理论应当包容那些有各种残障的人们，承认非理性和情感的道德价值，承认不同的精神状态都有其存在的合理性，抵制理性的霸权。其次，它要抛弃把所有人都看成身心健康者的认知，因为这会导致人们认为有身体或精神疾病是一种缺陷。相反，如果我们改变对"人"的认知，便不会把身体或精神残障视为一种不足或缺陷。"既然缺乏社会和自我适应性直接导致与缺乏自尊心的精神疾病，我们就需要拒绝把人性看成是能够严格自我控制的、温和的、冷静的、快乐的、墨守成规的，严格地遵循一个人性别标准的方案。"再次，它还需要以超越身心二元论的方式来看待精神残障。身心二元论主张身心是对立的，而心的价值要高于身，这种对于身体的贬低也导致对于被认为与身体相联系的情感、女性和自然的贬低，这就使得社会和文化会依据身体健康／身体残障、精神健康／精神残障来排列人的等级，而具有身体或精神残障的人们也会被迫依据这种价值等级制来想象自己，在各种社会和文化压力下，难以超越自我与身体、自我与精神的对立关系，进而把患病的身体和精神体验为"他者"，加剧与自己身体和精神的对抗关系。而且，这样一来，一些由于受到暴力伤害而出现精神障碍的女性便会不再相信自己的精神，如同她们遭受男性伴侣的殴打之后感觉身体残障一样。

对于精神残障的应对问题，女性主义精神残障理论首先强调要正确地看待精神障碍。西方文化一直有一个假设，即认为每一个人都是同样健康强壮的，都能顺利有效率地工作，有同样长的工作和休息时间。这种人总是幸福的观念会成为一种压力影响到残障人群的精神和谐，迫使他们否定自己的不舒服和痛苦，拒绝把自己的残障当成真实自我的一部分。而女性主义精神残障理论则要求人们看到理性和幻想都是人类的精神活动，都具有生产性。即便在残障之中，精神也在活动着，工作着，讲出不同的语言，形成独特的知觉，所以人们应当尽量避免用对待罪犯的方式来对待精神疾病患者——迫使他们去医院、服药、电击以及使用其他野蛮的手段。其次，这一理论也强调要以更宽容的方式对待精神疾病患者，一方面要对他们表达出爱、同情和关怀，另一方面也要看到，要求有精神疾病的女性表现出伦理关怀是不切实际的，因为对于这些受过虐待和被边缘化的人们来说，更重要的是意识到自我的道德价值，切断与虐待者的关系。事实上，表达出对于施虐者的敌意和抵抗是十分重要的。弗洛伊德认为，抑郁是把本该指向施虐者的外部敌意转向了自我，所以由于受到暴力伤害而患有精神疾病的女性要对施虐者表达出一种愤怒和无情，这是她们获得拯救的必要条件。再次，这一理论还认为，对于精神残障者提出自主性要求也是不现实的，因为这些患者无法获得统一的人格，只能依赖一些人格的碎片来表达不同的情感或者行为，因而社会要给他们更多的理解、尊重和关怀。

女性主义精神残障理论是女性主义生命伦理学的一个新尝试。身体或精神残障是一个事实，但对于它的理解和概括却是一种价值建构，这其中关乎平等和正义、公民权利与公民资格，以及社会政策和福利保障等问题，也包括对于人和人性、人的精神世界、身心关系的理解等更为基本的和深层的哲学问题。

男神女魄之说

学中医的朋友告诉我，中医有一种说法："男人是神，女人是魂，神要显灵，魂要守舍。"如此说来，如果男女的角色互换，那显然是"神魂颠倒"和"魂不守舍"。所以有人可能会主张：千万不要与学中医的人讨论性别解放，因为中医源于《易经》，信奉阴阳之说，中药也有主臣关系，如果阴阳错位，中医理论便无法成立。

即便如此，如今社会性别角色的变化似乎已是大势所趋，无论人们是否意识到和承认，我们都生活在一个被妇女运动改造过的，以及正在改造的世界里，这正如《女性的奥秘》作者贝蒂·弗里丹所言，"妇女运动给我们生活带来的和正在带来的变化，有可能像柏林墙的倒塌一样富有戏剧性，一样的引人注目"。然而，当我们无法推翻这一"神魂颠倒"和"魂不守舍"的历史事实时，或许能做的也只是回过头来重新理解《易经》的阴阳之说和中医里的神魂理论。

首先，需要讨论《易经》乃至中医学中的阴阳关系是否能等同于性别关系的问题。《易经》对天地万物，宇宙间的一切物质，以及人的精神和身体都进行高度的哲学概括，认为它们都始于阴阳两个概念，所有的事物都具有阴阳两种相反的性质，正是它们之间的对立运动才成就天地之万物和有神魂的人类，把握了阴阳关系不仅可以知晓天地之道，也可以辨明道德之善恶，以及万事万物之凶吉。因而，把阴阳关系仅仅归结为性别关系显然是过于狭隘了。但从另一个侧面来说，我们也不妨把性别关系理解成如同阴阳一样的对立运动，然而这种对立并不是绝对的，而是相对的、互补的和统一的，甚至二者的角色是可以互换的，相互融合的。你中有我，我中有你，在这种互为主体性中构成一个现实的、理想的关系世界。这与现象学家胡塞尔所讲的"移情"行为类似，即我们对于世界的理解不是由单个人完成的，是在互为主体之中获得认识的，我们必须能够体验他人之体验，对其他个体的体验为认识提供前提条件。人类正是通过这种体验和认识，以及阴阳之间的对立融合共同完成对于这个世界的认知和创造，一代一代传承下去的。

其次，需要讨论中医里的神魂理论。翻翻中医学典籍便会发现，其实中医在讨论"神"的问题时，并不与经常与"魄"联系在一起，反倒更多地与"形"相连，讨论形神关系，例如认为形主要指人体的脏腑和经络，功能在于以五脏为中心，以经络为纽带，完成有机体统一的技能活动，而神则是人生命活动的总体和主宰者，包括人的意识、思维、情感和性格等精神活动。人，无论男女都具备形和神，形是神的藏舍之处，神是形的生命体现，形健神旺，形神统一。不仅如此，中医还把这种形神之说与阴阳五行联系起来。根据姚春鹏先生对《黄帝内经》的解释，阴阳五行是中医学认识世界的基本框架。古人认为作为天地万物本源的气或称元气，具有运动化生的本性。气的运动展开为阴阳五行，阴阳五行之气是世界的基本结构。整个世界就是以气为内在本质，以阴阳五行为外在表现形态的一个完整的系统，万事万物通过阴阳五行联结成一个统一整体。《黄帝内经》也根据这一思想建立了以五脏为中心，在内联系六腑、经脉、五体、五华、五窍、五志等，在外联系五方、五时、五味、五色、五畜、五音、五气等，相互关联和相互作用的整体医学宇宙观。事实上，关于阴阳脏腑的辩证思维也是中医认识疾病的基本模式，而阴阳平和是中医最高的价值观，也是生命存在的前提，所以在养生方面人们需要调和阴阳，因为人患病的原因在于气血阴阳失调，平调阴阳气血是中医治疗的基本方向。

再次，需要联系性别视角讨论阴阳脏腑之说。尽管人们很难把《易经》中的阴阳关系和中医里的阴阳五行运动归结为性别差异关系，但就脏腑而言，似乎男女有所区别。女性的身体独特而神秘，充满了创造力和智慧。现在医学最新研究表明，只有男性是五脏六腑，女性身体有别于男性，拥有"六脏六腑"，女性独有的"第六脏腑"即为子宫。女性从月经初潮到更年期，是一个漫长的过程。而子宫作为女性的"后花园"，藏于女性的体内，与女性相伴一生，完成并见证了女性每一个阶段的蜕变。"脏腑"通常指人体内的主要器官。"脏"是指实心的脏器，如心、肝、脾、肺、肾等；"腑"是指空心的容器，有小肠、胆、胃、大肠、膀胱等等。从这种意义上说，女性的确具有一种创造世界而又居功不傲的品质，一种如同老子所说"道"之玄德："生而不有，为而不恃，长而不宰。"此外，尽管阴阳代表事物性质中的两极，但无论是《易经》还是中医都强调一种两极相关论，即两极之间有一种"共生性"，两个有机过程之间有一种统一性。这类共生性和统一性要求双方彼此互为必要条件，以便维系双方的存在。个体只有通过与其他个体的共生和统一关系才能得以说明和生存。

通过上述分析我们可以观察到，《易经》和中医启示的不仅是一种生活方式，更是一种生存智慧。基于这种方式和智慧，我们需要对"男人是神，女人是魂，神要显灵，魂要守舍"这句话有一种新的理解，即它所强调的男女实际上不是指现实中的具有男女生物性别的男人或者女人，而是指阴阳的概念，人吃五谷杂粮，并有七情六欲，所以免不了身心方面的病羔，都有个"神魂颠倒""魂不守舍"的时候，这实际上也就是阴阳失调，需要平调阴阳气血，以便重新达到阴阳平衡。而且，既然我们已经从男神女魄之说引出阴阳五行和脏腑理论，那么也不妨再推演一下它们冥冥中能为性别关系处理带来的启示。其一，男女两性关系也具有阴阳关系的性质，需要不断地进行对立统一的运动，而运动的宗旨不是阴阳的分离，而是在对立矛盾中取得新的平衡。其二，阴阳对立和男女两性的对立关系既是阴阳平衡的前提，也是人类生存的本体条件，因为没有对立面的矛盾运动，事物和人类社会的发展就会停滞。但阴阳对立关系并不是仅仅局限在现实的男女个体或群体之间，在每一个男性或者女性身上，都会有持续性的、动态的阴阳之间的对立和融合统一运动。其三，人们可以借用神魂、阴阳、形神、五行，以及脏腑理论说明男女两性的关系，但无论如何解释，最终都是要追求平衡和统一。以这种方式看待今天的女性主义运动，其最终目标也绝不会是"神魂颠倒""魂不守舍"，而是在人类历史的长河中，试图打破旧有的阴阳对立和失衡关系，向着新的阴阳平衡和统一过渡的一个自然而然的运动过程。

精神健康：文化碰撞的火花

　　得益于清华大学与英国埃克塞特大学的校际交流项目，我来到埃克塞特大学社会学、哲学与人类学系（SPA）做短期访问。

　　刚到，我的英方合作者克里斯蒂教授便组织一次讨论会，让我谈谈儒家文化与生命伦理学的关联。我知道，这里有很强的生物哲学学科，同仁们对来自不同文化的生命与哲学思考很有兴趣，而且有 20 余人来参加讨论会。于是，我首先用一个小时大致地介绍了儒家生命伦理学的特点，并以精神健康问题为例解释儒家生命伦理学实践路径。到了讨论环节，在场的人给我提了十几个问题，其思路之开阔让我颇受启发。

　　在交流中，我援引用精神病哲学创始人、德国哲学家卡尔·雅斯贝尔斯的一段话说明哲学与精神病学的必然关系。在其《普通精神病理学》一书中，雅斯贝尔斯强调精神病学的基础是哲学，因为前者的概念假设和不同方法，精神障碍和精神健康的分类，人们的认同、情感和道德概念，人的自我意识概念都需要由哲学来建构，并依据文化的差异而不同。这就让人联想到当代中国精神病学理论和临床实践的发展需要把中国的文化背景和哲学加入其中，从概念假设、探讨问题的方法，精神障碍和健康的分类，人们的认同、情感和道德概念，以及精神疾病诊断的标准等问题入手进行思考。我还满怀希望地提出一个建议：当西方精神病学的发展面临困境时，可以考虑汲取一些东方，尤其是儒家文化的元素进行发展和创新。

上述观点引来第一个问题："既然雅斯贝尔斯已经论述了哲学、文化和社会关系对于精神疾病诊断和治疗的意义，儒家理论又能提供哪些不同的新东西呢？"我以自己的一次学术经历作为回应：2014年，我在保加利亚参加"第十六届世界哲学、精神病学和心理学大会"时，听到一位学者在发言中强调雅斯贝尔斯的一个观点——有病的不是"病人"，而是病人在"疾病之中"，不是病人病了，而是他的世界病了。我当时马上提问说："基于这种看法，患者周围的世界，尤其是他身边的亲朋好友应当如何帮助他走出疾病的阴影呢？"他停顿了几秒钟回答说："我没有想过这个问题。"而在我看来，这恰好就给儒家伦理介入精神病哲学提供了一个机遇，儒家重视人际关系和亲情，以"仁"为生命伦理学的道德原则来提倡对患者的关怀，难道我们的"关怀"不应当始于家庭吗？这或许就是儒家可以提供的一个不同的思路。

另有学者接下来问道："如今家庭已经发生了许多变化，也有多种多样的形式，不再是传统意义上的家庭，如何基于今天的家庭来关怀人们的精神健康呢？"我回答说："其实我说基于家庭关系的关怀，并不仅仅局限于家庭成员之间的关怀，而是强调一种如同关怀家人一样的思维方式，女性主义哲学中不是有一种理论被称为'母性思考'吗？实际上这不意味着只有身为母亲的人才能具有这种思考方式，男性也可以以这种方式来思考。它也不仅仅局限于家庭领域，社会的公正关怀，乃至世界和平都可以采取这种思维方式啊！"克里斯蒂提问说："你说家庭可以为有精神障碍的人提供帮助，有没有想过许多精神障碍恰恰都是由于家庭的负面影响造成的，例如酗酒和厌食症等等，或许一个家庭的所有成员都有这些问题，那么又如何摆脱这种家庭的影响呢？"我回答说："即便如此，不仅不能否定强调家庭关系的意义，反倒更证明政府投资和出台政策支持以家庭为单位进行精神健康教育的重要性。青少年的许多精神健康问题都与家庭相关，面对庞大的精神障碍群体，在社会精神健康服务方兴未艾、资源短缺的背景下，从家庭入手解决问题或许是一个不错的思路。"

一个博士生不解地问道："神经科学研究有许多发现证

明精神疾病主要是大脑的问题，显然，通过社会和家庭关怀解决不了这些问题。"我也回应说："这实际上是当代学术界很有争议的一个问题，神经生物学家试图证明精神疾病存在于大脑之中，而哲学家和心理学家并不同意这种看法，我们目前无法给出孰是孰非的判断。其实早在上个世纪六七十年代，哲学家、心理学家、社会学家、精神病学家就针对'精神疾病是否真正存在'的问题展开过激烈的争论，我认为或许这一问题会永无终结地争论下去。"另有一个学者问道："那这样说来，抑郁症和精神障碍患者就不需要服药了吗?"我回答说："当然不能如此绝对，我们完全可以两条路并行，这本身并不冲突啊!"

一位来自英语系的教授说出一个令我吃惊的数字：埃塞克特大学是一所学术声誉较高、竞争很强的学校，在这里，某个群英荟萃的院系会有三分之一的学生由于焦虑和抑郁服用药物。我问她"为什么"，她说："难以理解，可能是由于学生感觉自己的社会和学业表现不佳而产生压力，也可能是由于他们在中学里一直学业优秀，到了大学还想继续这种态势，然而却发现不再可能，反正这让人无法充分理解。"这也让我意识到，人们通常认为"平庸者"易于抑郁，会由于各种不成功而承受压力，其实也不尽然，成功者或许会由于自身和他人对于自己期望过高而承受更大的压力，当人们在潜意识中把自己定位为"成功者"时，便有可能失去一颗平常心，终日纠结在一种"患得患失"的状态中，成功时怕失去，不成功时怕落伍。用成功的"目标"支起一个架子，把自己架在火上烤，由此消耗了大量的精力和能量。

临近结束，一个博士生又提出两个问题："据我所知，中国社会已经发生很大的变化，有西方的影响，有宗教的影响，也有世俗的因素，你说要继承儒家传统，那你们根据什么来继承呢？要继承哪些，又抛弃哪些呢？为什么？另外，你今天仅仅提及儒家，还有道家和佛家就不需要继承了吗？"我说："这个问题问得真好，这正是我们国内学者讨论的问题，每一哲学都是时代的哲学，继承什么肯定是一种历史的选择，并不取决于某种权威或个人，尤其是在一个自由民主的社会中，它是一种群体性的选择。但可以肯定的是，我们永远都不会抛弃儒家，因为那是我们的血脉，我们的根。还有，中国文化的确博大精深，我无法用一个小时把儒道墨法都讲到，我也不是这方面的专家，如果你喜欢中国传统文化，到中国学习吧，那里会有许多专家慢慢地为你讲授中国古老的文明及其现代价值。"

晚饭时，在灯光朦胧的酒吧里，克里斯蒂仍余兴未尽，作出精彩的总结："把精神障碍视为一种大脑疾病，而不是社会问题的看法，与西方社会的个人主义和资本主义有某种共谋关系，这样就可以有理由发展制药产业，让资本家赚更多的钱。资本主义社会不是希望人们幸福，而是希望他们不幸福，不幸福就有钱赚。弗洛姆和马尔库塞都批判过这种个人主义和资本主义，前者想'逃避自由'，后者批评人的异化，两人都认为精神健康问题是个人主义和资本主义导致的，但是他们都没有指出摆脱困境的出路。"我问："你认为出路又在何方呢?""我不知道，或许是社群主义。"我说："或许是东方的哲学资源，儒家在某种意义上说也是一种社群主义。"

走在回家的路上，我庆幸能有机会与西方学者进行这次对话，同一个星空和相似的灯火都给我两个提示：精神病学需要哲学和文化，"解铃还须系铃人"，每种文化都必须基于自身的背景解决自己的问题，但不同的文化之间可以相互借鉴解决问题的思路和方法，因为人性原本都是共同的。

童年的伤害不可忘却

2014 年 6 月 26—29 日，第十六届世界哲学、精神病学和心理学大会在保加利亚召开，近百名来自世界各地的哲学家、精神病学家和临床医生、心理学家与会共同探讨哲学与精神病学的关联和发展，以及临床精神病理论与实践问题。

希腊雅典"儿童健康研究所"的精神病学家乔治·尼古拉迪斯在会上报告了自己的一项研究"恢复记忆：方法论和概念及其来源"，强调"恢复记忆"（recovered memories，RS）的概念大多与伤害性记忆相关，人们会在生活的某一时刻忘记对暴力的记忆，但随后又得到恢复。在近十余年里，"恢复记忆"问题引起临床医生、研究者和政策制定者的普遍关注。在理论概念和临床实验研究中，尽管人们对于"恢复记忆"概念的可接受性存在许多分歧，但在一些理论概念的理解上已经达成共识，例如对"恢复记忆"及其差异性的进一步分类、恢复记忆出现的情境、性别和年龄的决定因素、发病和恢复的时间、合并症及其文化决定因素等。

根据精神病学研究，一个人说自己恢复了对于伤害的记忆实际上关系到两种情绪：其一是虐待的再度出现，其二是曾有一段时间失忆。显然，忘却这种被伤害的记忆是由于伤害和创伤的性质。研究者们对于"恢复记忆"以及记忆的历史真实性问题也有不同的看法，而最引人注目的争论是这些记忆是否与人的压抑情绪，以及精神疾病相关。尼古拉迪斯认为，这种伤害记忆不仅与弗洛伊德的压抑概念相关，也与人们心理分裂的机制相关，如果儿童受过虐待，在经过心理治疗，或者受到某种外在因素的刺激后便会恢复对于伤害的记忆，这些外在因素包括治疗干预、读书、读报或者与人讨论等等。

研究者探讨的一个重要问题是：儿童为什么会对所受的伤害失忆？1997年，有两份相关研究成果被发表，一份研究表明，儿童暴力受害者往往随着时间的推移忘记自身痛苦的历史，其中40%遭受过身体虐待、37%遭受过性虐待的人忘记了自己所受的虐待。而另一份研究报告指出，在随访期结束时，12%的儿童暴力受害者无法呈报受虐待的情况，11%的儿童能够回忆出自己遭受过的暴力事件，但他们所描述的与对这些事件的原始记录并不相符。19世纪法国精神病学家J.夏克试图解释这一现象，强调被忘记的事件通常充满感情和情绪。皮尔·珍妮特也强调，创伤性暴力事件被忘记本身是由于它们的创伤性性质，主体没有能力去逻辑化和适应这些记忆。这些"莫名其妙"的记忆或许是通过不同于正常记忆的机制来记忆的，例如以一种抑制它们在意识中呈现的方式存储起来。弗洛伊德对于这一问题的看法不时地发生变化，最初他受夏克的影响认为这些"恢复记忆"大多与儿童所遭受的性虐待相关，而后他又强调心理现实要胜于外在现实。然而到了1935年，在"给一位美国母亲的信"中，弗洛伊德却对是否真实事件导致记忆真空的问题持一种未决的立场。

这些研究也使人关注到另一个重要的问题：即成年人的精神抑郁和疾病是否与儿童期所受的暴力相关，人们对于暴力事件所恢复的记忆是否能真实地复原最初的暴力事件？尼古拉迪斯看到，在对创伤性事件的记忆中，似乎感觉输出的内容占据相对的优势，而且好像是通过第三者的视角明确和清晰地表达出来，这些记忆中既有真实的成分，也有编织的因素，那种生动的、清晰的细节内容或许更多的是被编织出来的记忆。

尼古拉迪斯也试图分析研究者们为什么会对"恢复记忆"问题存在不同的看法，探讨这些争论背后的理论概念、方法论和伦理问题。他首先强调认知心理学家与临床医生研究视角的差异，指出在分析患者叙事的过程中，他们各自所使用的方法论和争论不同。在临床医生看来，患者想起先前被忘记的体验是一个需要关注的事实，主要挑战在于如何在不影响患者决定和实际状况前提下提供支持性治疗。相反，认知科学家和研究者却关注记忆的识别机制及其被损坏的可能性，认为这可以导致对于特有创伤性记忆的"赤字"，同时也需要进行重复性实验研究，判断记忆材料出现的真实可靠性。

尼古拉迪斯也强调，人们在研究创伤性事件时，要从伦理学意义上考虑经验性实验假设中不可避免的局限性。儿童对于暴力的记忆通常关系到对主体十分重要的人际关系，所呈现出来的暴力事件充满情感并与其意识和潜意识，以及主体的信念相联系。因而，针对被忘记事件的实验研究在方法设计上具有局限性，尤其是在关系到受虐待的自传式叙事方面，例如所使用的"乱伦"词汇就不能充分地把握被虐待记忆的感觉和叙事复杂性。

事实上，从伦理学角度上说，针对儿童的暴力问题自上个世纪六七十年代便在伦理和政治领域受到关注。因此，无论人们是否赞成"恢复记忆"，以及相信这些记忆具有真实性，都需要帮助受害者，并作出公正的判断。无论实验室研究对儿童暴力研究产生何种结果，都需要在道德上谴责对于儿童的暴力行为。退一步说，即便研究表明"被恢复的记忆"都是编造的、想象的和暗示的，也不能确认虐待儿童或者对受害者的伤害不存在。

这些研究也令人联想到当代英国哲学家迈克尔·欧克肖特的一段话:"事实就是体验。事实从来就不仅仅是被观察、记忆或者组合的东西:它们总是被制造出来的。事实就是我们不得不思考的东西,不是因为它对应着某种外在或存在,而是因为它是体验世界的内在统一性所必需的。所有的事实都暗示着一个理论。"所以,尼古拉迪斯所报告的针对儿童暴力的精神病学研究让我们注意到几个问题:其一,遭受过暴力侵害的儿童不会真正忘记对于暴力的记忆,尽管对其有短暂的失忆,这实际上是人不自主地对于自我的一种心理和关系保护。其二,暴力总会以伤害和创伤的形式存在于人们的内心深处,尽管有时人们的回忆与真正的暴力场景有一定的出入,但对暴力的体验却是真实的。其三,无论是精神病学研究还是哲学伦理学研究,都应从尊重患者和受试者出发,避免导致二次伤害。其四,研究关注的重点不应仅仅在于判断"被恢复的记忆"都是编造的、想象的和暗示的,而应力图把握这些暴力事件对于受害者的伤害,并据此提供相应的帮助。其五,临床精神病学应当不断地总结叙事者在对于暴力的回忆中所使用的词语,拓展语言的想象空间,以便能对患者提供真正需要的帮助。

事实上,针对儿童暴力的精神病学研究也适于对于女性以及不同的暴力受害者的研究,从这一意义上说,"恢复记忆"的研究具有普遍性的应用价值。

移情：跨学科新论

　　移情（Empathy）是一个当代哲学家、心理学家、精神病学家，以及神经生物学家感兴趣的话题。移情有助于我们理解其他人的情感和内在的精神状态，分享他们的体验、需要、信念和目标。2007年，美国著名道德情感主义伦理学家迈克尔·斯洛特出版《关怀与移情伦理学》一书，试图弥补女性主义关怀伦理学的一些理论缺陷，为其进入主流伦理学领域进行理论铺垫。女性主义关怀伦理学的奠基人卡罗尔·吉利根对斯洛特的这本著作给予高度的评价："迈克尔·斯洛特由于发展关怀伦理学中最大胆的主张，以及如何使这一理论能为个体和政治道德提供卓越阐释的表现而赢得声誉。在这部紧凑详尽而又富有远见的著作中，他为道德哲学中的哥白尼式革命而辩，把移情和关系从边缘推到道德宇宙的中心地带。在这样做时，他揭露了父权制观念和体制把关怀和移情连同女性一道置于边缘地位的冷酷无情。斯洛特的这一阐释把道德哲学与神经生物学，以及发展心理学的新近发展结合起来，揭示了理性与情感、自我与关系之间的关联，并说明了割断这些关联所要付出的代价。"

在斯洛特看来，尽管移情概念直到 20 世纪初期才从德语的 Einfuehlung 一词翻译进入英语世界，但这并不意味着英语国家没有移情概念，休谟在人性论中提出的重要观点就是如今被称为"移情"的内容。"移情"与"同情"不同，"感觉到某人的痛苦"与"对痛苦中的某人产生感觉"是不同的，前一种现象被称为移情，而后一种便是同情。移情包括当我们见到另一个痛苦的人时，不由自主地唤起自身的痛苦感觉，但这并非两个人心灵和人格的融合，因为如果一个人过度地沉浸于另一个人之中，便很难把自身的需要和欲望与另一个人区分开来，而这意味着没有对他人的需要或者欲望作出移情反应。"移情"与"关怀"也不尽等同，前者包括基于他人的立场看到或感觉到的东西，这显然不同于一种推理：如果一个人出于利他主义而关心另一个人，便会自然而然地意识到他人的需要。斯洛特建议女性主义关怀伦理学接纳移情概念，以便成为一种"移情式关怀的美德伦理学"，因为只有这样才能对公共 / 政治和私人 / 个体领域的道德给予全面的说明。他也尝试着以移情来消除关怀伦理学的一个内在悖论：即一方面主张平等关怀，另一方面却更偏爱身边的亲人，因为依据移情概念，人们显然会对身边的亲人、对在世的人、对人而不是动物有更多的关怀，而基于这一理解，关怀伦理学便可以为流产等应用伦理学问题作出更有力的辩护。斯洛特还强调，人的移情并不是与生俱来的，而是通过培养、社会化和教育的结果。如果父母在子女成长过程中能够移情给孩子，鼓励他们渴望成长的个体性，那么孩子在长大成人之后就可以自然地唤起移情的感觉。

在2014年6月26—29日召开的第十六届世界哲学、精神病学和心理学大会上，与会者也从跨学科角度讨论移情问题，并对这一概念及来源作出新解释，例如意大利学者安东尼拉·普泽拉和乔治·达科塔介绍了一项对于移情的神经生物学研究。他们的研究小组试图分析不同研究对于移情概念的不同界定，以及这些界定对于研究结果的不同影响，强调移情并不是一个单一的现象，而是一个包容性概念，并一直随着时代发生变化，经历从哲学到心理学，以及神经生物学概念的过渡，而受到驱动力的影响，移情在人的无意识和潜意识之间，在信念和期待以及认知之间来回摆动。与伦理学家斯洛特等人不同，作为神经生物学家，普泽拉等人认为移情与大脑的活动相关，人类的镜像神经元（Mirror neurons）是情感模仿的基础。广义的移情概念不仅包括情感，也包括能够建立我们与他人之间有意义联系的所有不同的表达行为，他人的行为、情感和感觉体验。他们通过对镜像的案例研究发现，镜像是一个过程，在这一过程中，观察者通过自己以往的体验、能力和精神态度来代谢和过滤他人的行为。因而，我们对移情的研究也需要更多地关注人格特点与镜像机制之间的关系，而这一关系会以一种无意识的、前陈述的方式表现出来，通过个人的历史，即通过我们依恋关系的特性和社会文化背景来协调，但无论如何，镜像神经元和缘身性刺激都构成移情过程的核心。

另一些来自哲学和精神病学的专家则试图从不同的学科角度解释移情，例如来自罗马"交叉对话协会"的意大利学者马希米亚诺·阿拉贡那从雅斯贝尔斯的"理解"概念出发，考虑移情与精神病学之间的关系，他认为这一概念依旧是精神病学推理中的一个支柱性概念，但面对来自当代哲学认识论以及精神病学临床实践的挑战，人们需要对移情概念进行新诠释。雅斯贝尔斯认为，在研究人的科学领域，恰当的研究方法应当是"移情式"理解。理解的"第一步是让患者表达出自己真正经历了什么，这些事件对他们有什么冲击，他们对此的感受如何"。理解可以分为静态的和系谱性的，前者表现为作为一个聆听者，能够直觉地把握和现实化患者的生活体验。精神病学家应当首先描述患者个体生活体验的现象，这可以通过移情，以及内在的传递和重新体验而成为可能。而系谱性理解主要从动机和内在意义的链条上考虑这些心理事件之间的关联。雅斯贝尔斯看到，我们之所以能够理解他人，是因为具有一种源于系谱的移情，系谱性理解建立在"有意义连接"的基础上。理解不是理性的，而是移情和情感性的，是一种直觉自明的行为，但由于这种理解受限于许多因素，其边界也是移动的而不是固定的。然而，阿拉贡那则看到，从认识论角度上说，雅斯贝尔斯对于移情的这些解释并非是明确的。以第一人称的视角，移情和直觉是自明的，但如果它最终取决于对特异反应和人际情感的移情能力，便缺乏人际关系之间的可靠性。如果人们试图超越这一局限性，便需要思考一个问题——在理解过程中是否存在着解释？通常说来，理解和解释是相对立的，解释越多，理解就越少。但从另一角度来看，在理解过程中的确存在解释，而且"我们对于任何对象的理解，都或多或少必须是一种解释"。理想地说来，理解是自明可信的，而解释是推测性的，但在实践中，理解通常是不完整的，需要以推测性的解释来补充，所以在经验层面上，理解和解释总是交织在一起的。

由此可见，移情已经成为当代伦理学、哲学、精神病学以及神经生物学研究的重要概念，尽管不同学科对这一概念及其来源有不同的解释，但都殊途同归的一点是：我们需要联系文化和社会背景，以及人际关系来理解移情。我们也可以意识到，不同学科对于移情的研究都具有重要的理论和实践意义，例如从伦理学角度研究移情更有助于加强人与人之间的理解、关怀和爱，而从哲学和精神病学领域研究移情能够加深人们之间"有意义的连接"，从而为解释、防治精神疾病，建构健康的精神世界提供一座桥梁。

大脑的"性别差异"

　　大脑性别差异研究是性别研究的重要理论基础之一。2014年似乎是大脑性别差异研究不同寻常的一年。英国剑桥大学的科学家宣布男性大脑总体上容量要大于女性；安妮·莫伊尔所著《脑内乾坤：大脑也有性别》的中译本也于2014年问世，探讨为什么一些拥有男性身体的人却拥有女性的大脑，或者反之。这些研究意味着什么？女性主义学者是如何作出回应的？它们会给女性主义学术发展带来什么样的机遇？

　　在神经生物学领域，关于大脑性别差异的研究一直备受关注。学者们从不同角度强调大脑的性别差异，例如能力类型、大脑结构和大脑容量的差异等。显然，由于社会和政治原因，以及女性主义运动的影响，人们在解释这些差异时颇为谨慎。不断问世的相关研究成果虽然没有引起一门新兴的生命伦理学分支——神经伦理学（Neuroethics）的热情关注，但却在悄然地催生女性主义学术发展的一个新趋向——神经女性主义（Neurofeminism），以及与之相关的"女性主义神经伦理学"（Feminist Neuroethics），它以女性主义视角对于相关研究成果提出许多引人深思的看法，使得那些踌躇满志地宣布种种新发现的神经科学家总是显得有些"底气不足"和"被人怀疑"。

早在上个世纪末期，加拿大学者狄立波·朱尼亚便强调男女大脑在能力类型上存在着差异，例如在处理某些空间问题上，男性胜过女性。在数学推导测试中、在领航工作中，男性也要超过女性。男性在目标投准技能的测试中表现得更好。而女性在感知相似物的能力测试中，比男性速度更快。此外，女性还更具有语言天赋，在算术计算和回忆路途标志方面胜过男性。尽管朱尼亚最终并未得出男女智商水平不同的结论，但显然还是相信二者在解决智力问题的方式上存在着差异。

2006年，女精神病学家卢安·布里曾丹的《女性大脑》一书在美国问世。书中强调，男女在思考和行为上的一些差异源于他们大脑结构的不同。女性大脑如"高速路"，男性大脑却似"乡间路"。她介绍说，无论男孩还是成年男性，都不如女孩和成年女性"能说会道"。据统计，女性平均每天要说2万个单词，比男性多出1.3万个词。而且女性说话语速也比男性快。大脑结构的差异是女性更健谈的原因，这种差异从胎儿发育时期便开始了。但是，男性在其他方面，例如在性意识方面却比女性更为强烈，因为男性大脑中控制有关性意识的区域要比女性大一倍。

2014 年，也有文献报道说：英国剑桥大学的研究人员经过二十多年的神经生物学研究发现，男女的大脑的确存在差异，这主要体现在大脑的结构和容量方面。研究人员在《神经科学和生物行为评论》杂志上发表的一项研究成果宣称，他们查阅了 1990 年至 2013 年间发表的 126 篇研究论文，对大量脑成像图片进行了研究，对比出人类大脑容量与结构的性别差异，即男性的大脑容量总体上要比女性大 8% 到 13%。平均来说，男性在多项容量指标方面比女性拥有更高的绝对值，大脑结构的性别差异主要表现在几个特定区域，其中包括大脑的边缘系统和语言系统。而且，两性大脑边缘系统的结构差异与精神疾病相关，这可以解释不同性别之间在自闭症、精神分裂症和抑郁症等方面的差异。同时，他们也注意到，这些差异可能由于某些环境或者社会因素的影响，但生理学影响是不容忽视的。

近几十年里，许多科学家在大脑解剖学、化学、功能学，以及诸如情感、记忆和学习等认知领域进行了大量的研究，目的在于记录性别差异。毫无疑问，这些研究会引起女性主义学者的关注，其理由十分简单。众所周知，从 20 世纪 70 年代起，女性主义理论便把"性别"和"社会性别"

区分开来，并把后者作为女性主义理论的基石。因而，倘若这些神经生物学上的种种"性别差异"新发现是无可辩驳的客观事实，女性主义学术便会面临着挑战。于是，一些女性主义学者开始对于相关研究成果作出评论，例如美国代顿大学的佩吉·德桑特尔斯指出，尽管神经生物学的新发现带来神经伦理学的问世，但令人遗憾的是，这一领域却很少有人关注神经生物科学对于性别差异的研究，或者把社会性别作为一个重要的分析范畴。2002年由致力于促进大脑研究的美国"达纳基金会"出版的《神经伦理学：绘制领地的地图》，以及朱迪·艾利斯于2006年出版的《神经生物学，对于理论、实践和政策问题的界说》两本著作都对神经伦理学作出贡献，但却没有探讨神经科学关于"性别差异"的发现对于社会和神经伦理学科的意义。而在德桑特尔斯看来，人们必须追问这些新发现对于神经伦理学和道德心理学意味着什么，它们所包含的伦理和政治意义是什么，以及对于女性可能预见的利益或伤害是什么。她强调男女都具有人类的大脑，他们都是被镶嵌到特有社会结构中的生物，以习得的行为方式学会如何组织和形成大脑。任何以"本质论"方式主张男女大脑具有固定不变的生物学差异的观点都需要应对来自科学和女性主义的挑战，例如《女性大脑》一书出版后，《自然》杂志发表了两篇评论文章，作者分别是神经科学家和女性主义理论家。他们一致认为布里曾丹的这本著作"具有千疮百孔的科学错误，正在误导关于大脑发展过程、神经内分泌系统，以及性别差异性质过程"的解释，而且"令人失望地没有满足最基本的科学准确性和平衡标准"。

作为一名哲学家，德桑特尔斯也敏锐地指出，许多神经科学家关于人类大脑的发现主要基于功能性磁共振成像（fMRI）技术。然而，另有一些神经科学家却对仅仅基于fMRI平均值数据作出关于人类大脑认知的结论提出质疑。而且新的数据分析技术也不断地改变人类对这些数据的认识，例如哈佛大学关于新数据分析方法的研究就没有显示出大脑情感中心与判断中心相互联系的因果机制。而且，研究者在解释fMRI数据时，也很难把自然与养育区分开来，难以说明女性的脑线如何不同于男性，这些脑线的差异是来自自然还是养育，以及如果存在这些差异，它们对于男女的认知方式和潜能意味着什么等问题。

综上所述，目前关于大脑的"性别差异"研究还无法得出确定的科学真理，因为这些成果总是引来各方的怀疑和争论。因而迄今为止，无论是女性主义关于"性别"与"社会性别"的区分，还是神经生物学关于大脑"性别差异"研究的新成果，都无法最终给出一个把人类和男女生物本性和社会本质截然分开的有力解释，因为人类一出生便具有了社会性。除了男女两性的生理学差异之外，一旦进入认知和道德判断等精神层面，便再也摆脱不掉社会和文化因素的影响。

然而，这并不意味着神经生物学对于性别差异的研究，以及神经科学家、哲学家与女性主义学者各执一词的争论没有意义，或许正如神经科学家所言，这些研究对于促进两性的精神健康和预防精神疾病具有重要的意义，只是需要避免陷入"性别本质论"，以及生物本性与社会本质、自然与养育二元对立的泥潭。

《731 部队的真相》

2017 年 8 月 14 日，在二战结束 72 周年之际，日本广播协会（NHK）播放了专题纪录片《731 部队的真相》，梳理二战期间 731 部队为日本军方开发细菌武器、进行人体试验的大量罪证，揭开一次之前并非广为人所知的在苏联进行的审判，首次公开了包括关东军军医部长在内的一大批 731 部队成员当年有关从事细菌武器研究，以及进行活人人体实验的认罪录音。

说实在话，"731 部队"是我特别不愿意触碰的题目，一想到日本侵略者在我家乡犯下的惨无人寰的滔天罪行，我便愤怒不已，这种巨大的心理创伤永远都无法愈合，甚至当我面对日本人时，似乎总有一双能够透视的眼睛，清晰地察觉到他们礼貌和谦卑背后的另一面。当我美术学院的学生赞美为梵高、莫奈痴迷的日本江户时代的"浮世绘"（Ukiyo-e）艺术时，我依旧能从那些"当世好男人"的画像中读出一种狰狞、血腥、暴力和残忍。学哲学的我不时地用理性提醒自己——不能把父辈的罪孽算到当今日本人身上，中日也可以在日本能够客观地对待历史，汲取历史教训，向往和平的前提下世世代代友好下去……但我也知道，依据精神分析学观点，那种深切而沉重的创伤似乎永远都无法抹平，必须借助理性来不断地超越。

记得哈佛大学公共卫生学院的丹尼尔·维克勒教授每次到访哈尔滨时都不忘去一趟位于平房区的"哈尔滨731部队遗址"。从1935年起，这里是日本军国主义细菌战的试验基地，731部队在此研制鼠疫、霍乱、伤寒、炭疽，并用中外反日人士作活人试验，数千人在这里惨遭屠杀。作为犹太人后裔的维克勒教授不断地向国际社会呼吁："二战时期开发细菌武器，进行人体试验，践踏人性，制造近代史上灭绝人性的凶残暴行不仅有希特勒的'集中营'，也有日本法西斯'731部队'。"

在生命伦理学领域，人们都十分熟悉研究伦理学国际条约出台的历史背景。在二战期间，纳粹用人体进行了大量的惨无人道的"科学实验"，如纳粹医生为了研究枪伤，便有意地击伤集中营中的受害者；为了研究斑疹伤寒一类的疾病，便有意让受害者感染上这种疾病。战后，许多纳粹医生在德国的纽伦堡接受审判，1947年由国际纽伦堡军事法庭制订了《纽伦堡法典》，这一文献提出了在以人作为受试者的实验研究中应当遵循的基本伦理规范，要求在进行任何包括受试者的实验之前，需要征得受试者同意，给予当事人表达同意的法律能力，让其能够自由地行使选择权，而没有受到任何的欺骗、欺诈或者暴力的干涉，而且也应当保证受试者作出决定的过程充分体现了自主性和自我决定权。而后，国际生命伦理学界又陆续出台《赫尔辛基宣言》和《贝尔蒙报告》等重要的指导医学研究实验的伦理学纲领性文件，其宗旨都在于要求在进行医学研究时必须奉行三项基本伦理原则：对于人的尊重、仁慈和公正。然而，1945 年 8 月，日军疏散撤离时，为了毁灭 731 部队基地存在过的痕迹，用氰化物处决了基地中剩余的所有"实验材料"，炸毁了原占地 6.1 万平方公里庞大的基地建筑；据说还由于最终被美军俘获的 731 部队首脑石井四郎用日军活人实验中获得的实验数据与美军方面做了交换，从而为自己争取到了司法豁免权，致使苏联调查组积累的相当充足的 731 部队罪证最终在"东京审判"中没有被采用，东京审判也没有涉及任何关于细菌战的内容，未提及 731 部队和另一支负责细菌战的 100 部队的存在。但这不并不意味着日军可以掩盖一个历史事实——日本是二战中唯一一个毫无忌惮地大规模使用细菌战的国家。细菌战也称"生物战"，是指利用细菌或病毒作武器，以毒害人、畜及农作物，造成人工瘟疫的一种灭绝人性的罪行。作为一支专业的细菌战部队，731 部队的首要任务就是通过各种活体实验研制更多、更毒的战剂，为日军的细菌战服务。

可以说，《731部队的真相》是日本社会对于人性的一种迟到的追问。首先，在731部队的那些冷血恶魔眼里，人不再是一个活生生的人，而是一个个有生命体征的"实验材料"。刽子手们把他们称为"马路大"（又称"木头""丸太"），在日语中，含义是指一种可切、可削、可当作货物运输，更可用于燃烧的木头。刽子手不仅不把人当成人，本身也让自己的兽性发挥到极致——把细菌溶液注入被试验者的静脉里观察其病变过程，将细菌和毒液注入瓜果中，让试验者食用，观察其效能；对女性进行梅毒传染试验，并进行史上最残忍恐怖的731活体解剖女人实验。此外，为了获取实验样本，他们通过强奸让女性怀孕生育，用新生的婴儿做活体解剖实验，种种罪行罄竹难书。更有甚者，参与这些实验的刽子手不仅有军人，还有来自日本多家教学科学机构，代表"文化"与"文明"的精英和专家们，例如仅来自京都大学、东京帝国大学、北海道及九州等地医学部专家、教授和博士就多达170多人。这种来自学术界的助纣为虐构成史无前例的医学和学术界的"反人类罪行"。这一滔天罪行可以作为一个永恒问题，追问并警醒全世界所有学者："当你有机会变成恶魔，用自己的知识和专业制造反人类的暴行时，应当如何作出合乎伦理的选择？"显然，"731部队当年的罪

68

行是自上而下的、有目的有组织的、有预谋成体系的集团行为，是一个国家行为，而不是个人行为"。如果一个人、一个民族、一个国家丧尽天良和灭绝人性，任何伦理原则和规范对他/她或者他们都是毫无意义的。

其次，《731 部队的真相》是日本在战后 72 年播放的纪录片，尽管从时间维度上说，已经迟到了 72 年，但最终还是让人看到日本民族"人性"的复归和正义胜利。8 月 15 日，外交部发言人华春莹表示赞赏日本国内有识之士揭露历史真相的勇气，希望日方认真倾听国内外的正义呼声。也有评论家指出：这个纪录片体现出"日本国民尊重历史事实真相的愿望和心声"，以及"部分日本媒体及和平友好人士长期坚持的公平正义"。而在我看来，日本社会之所以在今天才公布这一历史真相并不是偶然的，唯一不可撼动的理由就是中国强大了，我们强大的政治、经济、科学、社会，以及科技发展让日本法西斯及其余孽闻风丧胆了。伦理道德历来都是约束有良心、有"善端"的人，逼迫如同 731 部队一样制造种种旷世浩劫和人间灾难的侵略者坐在谈判桌前的力量，不仅仅是伦理原则和说教，更是中国强大的国力和中华民族顽强不屈的反击侵略者的精神。

最近去韩国梨花女子大学开会，看到校门口不远之处有一座"慰安妇"雕像，用韩文、英文和中文三种文字写着"大学生以示日本军'慰安妇'问题解决的新时代，到这个问题解决的那一天，我们为了记忆历史而且一起活动，建立平和碑"。日本军国主义二战期间对中国和亚洲人民欠下的笔笔血债并不会由于时光的久远而被遗忘，正义的审判终将来临，《731部队的真相》又一次向世人证明了这一点。

深秋中的生命沉思

秋天，尤其深秋是一年中进行生命伦理学思考的好季节，因为这时，万物的生命会如此的多彩——"翠绿中夹着黄褐，悲哀中夹着欢乐，希望中夹着追忆"。

生命对于我们每一个人来说都只有一次。如何道德地对待生命，使我们关于生命的决定和选择合乎伦理，使生命的价值在宇宙的亘古绵延中绚丽多彩一直是历代哲学家和思想家经久不衰的课题。尽管人的生命从起源到消失都充满了伦理意义，人在生命的每一个阶段都面临着不同的伦理议题，但是，我们关于生命的伦理思索却随着社会的发展和科学技术的进步不断地变化着。近来翻译美国犹他大学教授玛格丽特·P.巴廷为《剑桥应用伦理学指南》写作的"生命伦理学"词条，同她一道再次重温生命伦理学的领地和关注，从而对这一诞生于20世纪70年代的新学科有了一些新的感悟。

正如巴廷所言，在生命伦理学刚刚问世时，人们都以为它会像一种时尚和一束蓦然间闪亮登场的光芒，在引人注目几年之后便会暗淡下去，在学术文献中留下一些微不足道的痕迹，为实践带来一些若有若无的变化，却没有留下真正的遗产。然而，历史事实却不同于人们的这种猜测，因为如今生命伦理学俨然已呈现为更为久远地注入当代哲学思维，以及关乎每一个普通人的领域。

生命伦理学究竟在关注什么？可以说，它首先是由"困境"来驱动的，例如假设有一位求生欲很强的癌症患者相信一个痛苦的化疗过程能够挽救他的生命，让所有肿瘤的症状消失，但医生却清楚这种缓解可能只是暂时的，那么医生应当告诉这位患者实情吗？假如在急诊室里有两位患者都需要使用呼吸机，不然就会死去，但只有一台呼吸机，那么哪一位患者应当先使用它？假如有西方国家的科学家试图研究对某种致命疾病的治疗或者疫苗，例如研究在西非肆虐的"埃博拉"的治疗方法和预防疫苗，需要在疾病流行地区进行人体实验，这显然需要获得参与实验的受试者的"知情同意"，那么这种"知情同意"的标准是什么？是依据西方世界的标准来进行呢，还是根据当地的文化习俗和道德标准来进行？如果从一些与世隔绝的"埃博拉"受害者或者高风险人群那里根本无法获得知情同意，研究者还应当进行这一研究吗？正是这些伦理困境构成生命伦理学发展问世和发展的动机，也成为这一领域最深层的能量源泉。生命伦理学一直通过三个层面来发展——哲学反思、临床咨询、政策制定与立法。各种不同的困境案例驱动生命伦理学进行理论探讨，提出临床解决问题的方案，通过伦理论证和公众讨论来促进公共政策的出台和相关法律的制定。生命伦理学的范围并非仅仅局限在一种文化背景中，需要有全球生命伦理原则进行协调和整合。

作为一门相对成熟的学科，生命伦理学关注许多与人的生命、医学、生物学和科学技术发展相关的伦理问题，例如生育和辅助生育技术伦理问题，包括流产、代孕母亲、克隆、基因工程和体细胞研究等，以及关于生命终结的伦理问题，包括死亡和濒死、撤除和维持治疗、医生辅助自杀和安乐死等。还有便是环境与健康的问题，在雾霾已经影响到人们的日常生活时，治理环境便成为一个重要的伦理和政治议题。此外，在当代社会，无论在哪一种文化背景下，健康保健资源的公正分配问题都是一个争论不休的重大问题。

具体地说来，当代生命伦理学都关注哪些重要的理论问题呢？我们可以同巴廷一道概括性地总结出如下问题：1. 自主性：什么是人的自主性或者自我决定权？自主性的选择总应当得到尊重吗？出于家长制理由而限制一个人的自主性总是错误的吗？人们常说，所有自主性选择都是文化塑造的，因而就不可能有真正的自主性了吗？ 2. 能力：什么是在法律、医学和哲学意义上的能力？ 3.同意：为什么同意如此重要？知情同意需要以什么作为保障？ 4.人的身份：什么是人？什么是人的身份？人的身份何时被承认？是在受孕和出生的某一时间点上，还是更晚一些？当一个人不可逆转地昏迷或者脑死亡时，他就失去人的身份了吗？ 5.生命的价值：生命本身有价值吗？什么东西赋予生命以价值？或者它是一种人们拥有的那种对有价值生活的体验？仅仅是人的生命才有价值吗？ 6.生命的质量：生命有质量吗？人们如何衡量它？存在某种不应当突破的底线吗？这是一个主观问题，还是一个客观问题？ 7.需要与欲望：什么是需要？它与欲望有何不同？什么是需要与基本需要之间的差异？

8.患病与疾病：什么是患病与疾病之间的区别？在为人贴上患病与疾病的标签时，社会因素扮演什么样的角色？什么是没有患病或疾病的正常？正常的功能是什么？它与患者的知觉等同吗？"精神疾病"是另一种如同身体疾病一样的疾病吗？或者是某种不同的东西？什么是类似于"绝症"的情况：准确地说这种标签的含义是什么？如何能准确地给出这种标签？对于被贴上"绝症"标签者的影响是什么？ 9.不育症：何时应当治疗不育？我们应当如何对不育症情况作出回应？ 10.疼痛：如何来衡量疼痛？病人有道德权利利用现有的最佳医疗条件控制他们的疼痛吗？如果它不能被控制又当如何呢？ 11.痛苦：它不同于疼痛，其范围更为宽泛、更难以界定，也更加难以"治疗"。在医学关注方面，痛苦具有同疼痛一样的权利主张吗？12. 残障：这是一个具有政治和理论敏感性的大问题：什么是残障？什么是合适的安置和/或补偿？人们有权拒绝对于后代的残障，例如聋哑儿的治疗吗？社会应当努力安置有残障人群，减少他们的功能障碍吗？13. 死亡：如何处理脑死亡的情况？当濒死者出现死亡症状时，他们应当被当成死者对待吗？14. 种族主义、性别歧视和老年歧视：这些问题存在于不同的文化背景下和所有人类活动的领域中，那么它们会采取什么样的形式？在健康保健制度中是否是有害的？15. 公正、公平和平等：这一问题渗透在生命伦理学的所有领域中，例如什么是环境公正？什么是代际之间的公正？如何公正地分配健康保健资源？什么是"正义的"和"不正义的"战争？发达国家在自身的经济和社会发展中，已经造成对于资源、能源和环境的过渡消费，面对全球性环境危机，应当承担什么样的伦理责任？什么是国与国之间的环境公正？在全球化背景下，应当如何提出和遵循"全球环境公正"的伦理原则？

生命伦理学绝非仅局限在伦理领地，它实际上是以伦理困境为基点提出的，但是可以辐射到政治、经济、科技和文明发展的所有方面。因而，我们对生命伦理学困境和问题的研讨和解决也无法仅仅限于伦理和道德方面。生命伦理学既属于一国的政治意识形态，也是国际政治问题。当各国政治家共同商讨全球经济和政治发展，环境、能源和健康格局，以及世界和平、人类社会可持续发展的大计时，他们实际上也是在讨论全球生命伦理学问题。

公共健康伦理的特点

2007 年 11 月初，在南京东南大学召开的"南京国际生命伦理学暨老龄生命伦理国际会议"上，来自哈佛大学公共卫生学院的丹尼尔·维克勒教授介绍了正在哈佛大学公共卫生学院进行的一项研究——人口层面的生命伦理学研究。

以往的生命伦理学侧重于研究在临床医学实践中产生的伦理困惑，可以称之为医疗层面的生命伦理学研究。与之相比，人口层面的生命伦理学，也就是公共健康伦理研究有五个不同点：1.前者重点在于健康保健，主要讨论医生应当或者不应当做什么，而后者集中于讨论健康。2.前者侧重于研究健康的医学决定因素，例如研究高血压患者的既往病史和家族病史，并据此作出关于健康的医学判断。而后者则侧重于研究影响人们健康的社会决定因素，例如人们的社会经济地位、环境和工作场所的条件，以及社会排斥对于健康的影响等。3.前者局限于国家和地区范围之内，而后者则关注全球健康，例如探讨当今世界哪一个国家或地区健康负担最重的问题。4. 前者侧重于解决今天的问题，而后者则关注今天、明天以及遥远未来问题的解决，并在这三个时间维度中进行价值权衡。5. 前者的核心价值观关系到医德以及病人权利问题，而后者的核心价值观则涉及增进福利和社会公正问题。

维克勒教授也大致地介绍了目前人口层面的生命伦理学研究所关注的六个问题。

1. 社会对于健康的责任。自 20 世纪 80 年代的"华盛顿共识"达成以来，美国社会越发地把健康的责任推向个人，这似乎也成为一种全球趋势，不论对于发达国家和不发达国家都是如此。这不仅是一个政策问题，更是一个伦理问题，因而，当代生命伦理学必须讨论国家在维持和保护健康方面的责任问题。

2. 个人对于健康的责任。许多人的不健康通常是不良生活和行为方式的结果，例如吸烟、缺少体育锻炼、吸毒以及不遵从医嘱等，这种状况导致人们提出一系列问题：这些不关心自己健康者应当得到与关心自己健康者相同的健康保健权利吗？他们是否应当为此花费更多？国家仅仅应当为"关心自己及子女健康者"提供健康保健吗？美国的一些州采取与贫困人口签合同的做法，如果这些人关心自己及子女的健康，有关部门便会付钱给他们，这被称作"有条件的资金转移"（conditional cash transfers）。"如果你帮助你自己，我们就帮助你；如果你帮助你自己，我们就付钱给你。"这实际上也是一个关系到公平和效益的伦理问题，目前人们正在讨论哪一种方式更能促进个人的健康责任，同时也在争论社会对于这些不关心自己健康者的出现是否也负有责任，以及为了避免这种局面，社会应当承担什么责任的问题。

3. 健康保健优先性的设定。在健康保健资源有限的情况下，这一问题尤为突出。例如在资金有限的情况下，人们就必须在预防艾滋病和为艾滋病患者提供治疗方面作出选择，显而易见，人们通常的做法是把钱用在治疗上，但是预防工作却可以使更多的人受益。同样，在对于艾滋病患者的治疗方面也面临着许多伦理选择，是把钱用在为更多艾滋病患者提供价格便宜的第一阶段药物治疗，还是仅仅为少数患者提供更为深入的、但相对昂贵的第二阶段药物治疗？在健康保健的优先性设定方面，西方国家也在进行花费有效性的分析（Cost-Effectiveness Analysis），目的在于利用现有的资源获得最大限度的健康效果。然而，这种分析不仅是一个经济问题，更是一个伦理问题，因为在进行这种分析时，人们要提出各种道德假设，这就关系到究竟要以什么道德价值观来确定这种花费的有效性问题。例如，假设可以为一个20岁的群体，或者一个60岁的群体增加五年的健康寿命，在年龄的权衡上，这两组人群具有相同的伦理价值或者优先权吗？又如，为超过平均寿命的人再增加一年的寿命和为没有达到平均寿命的人增加一年的寿命具有相同的伦理价值吗？随着老龄社会的到来，许多老年人需要得到长期的照顾，世界卫生组织强调这是每一个社会都很快会面临的问题。传统社会通常把这一工作分派给女性，尤其是年轻女孩，但这对于她们的教育和社会经济地位产生很大的负面影响，那么这种长期照顾老年人的负担应当全部社会化吗？国家、社区以及家庭的角色是什么？这一负担是否应当以社会保障的形式市场化？此外，健康保健优先性的设定也涉及代际公平问题，为了保护我们的子孙后代不受到全球变暖的影响，我们应当作出什么样的牺牲？为了未来人的健康花费，是否应当从现在起每年以一定的比例"削减"我们自己的健康花费？

4. 危机局面的人道主义干预。在地震、海啸以及突发流行病危机时，为了保护公共健康，需要进行紧急的人道主义干预。然而这时往往会出现资源短缺，人们之间相互不信任，健康保健工作者身处险境，而且不具有法律权威性的局面，是否应当制定道德规则来应对这些局面？应当由谁来制定它们呢？

5. 人口健康与优生学。历史上的优生学运动试图通过遗传学研究来增进人口健康和幸福，但由于纳粹之流对于这种技术的滥用，使人们对于优生学产生深切的担忧和质疑。随着基因技术的进步，人们又有新的能力追求健康，例如对于疾病的产前基因检测等等，如何把对于这种技术的应用与以往对于优生学的滥用区别开来？人们是否仍旧在伦理上不能使用这种新技术？每一代人的基因都是自然进化的结果，我们是否有权利用基因技术改变未来人口的基因，应当如何来改变？或者我们根本就不应当这样做？

6. 全球健康的不公平和健康方面的不平等。发达与不发达国家之间在患病率和死亡率方面存在着巨大的鸿沟，富国必须承担什么伦理责任来缩小这种鸿沟？在一个国家内部，健康不平等的差距也远远地大于人们的想象。例如如果沿着华盛顿的地铁线从贫民区往富人区走，每隔大约1.5英里左右，人们的寿命就增长1岁，到最后一站大约相差20年，也就是说，富人区居民的平均寿命要比贫民区居民高出20年之久。社会在缩小这种人口健康差距方面负有什么样的伦理责任？这些差距是否本身就是不公正的，或者它们仅仅是不公正的证据？什么样的健康不平等最应当受到伦理谴责？应当把对于健康不平等问题的关注集中在个人之间或者群体之间的差距上吗？如果这样，应当集中在哪一个群体呢？是否能够以经济学家测量收入不平等的方式来测量健康方面的不平等？所有健康方面的不平等都预示着不公平吗？最终的道德目标应当是健康机会的平等，还是增进社会中处于不利地位者的健康机会？如果这些目标之间产生冲突，应当如何进行协调呢？

无论就国外还是国内生命伦理学领域而言，人口层面的生命伦理学研究都是一个新课题。无疑地，西方学者的上述研究可以为我国的医疗保健制度改革和公共健康，以及公共健康伦理建设提供有益的启示和借鉴。

"取经"还是"补课"？

近些年来，由于环境污染引发的损害公共健康事件不断发生，受害者也不断地表达出不满情绪。然而，有一个现象值得注意，就是不论是事发地的一些官员还是受害者都不时地到其他污染受害村镇"取经"。官员们的主要目的是学习其他地区政府如何平息由污染问题引发的不满情绪和解决问题的办法，而受害者的目的则是学习其他地区人们的策略，尤其是试图了解后者所获赔偿的细节。湖南浏阳市镇头镇是一个"取经"点，但这里发生的镉中毒事件并不是个案，当地村民在公开表达不满情绪之前，也去了附近一个村庄学习经验。

然而，令人深思的是，这种各方相互"取经"的现象能否最终解决问题？它对于一些官员、地方政府和受害者来说是否为一种明智的解决问题途径？面对类似由环境污染引发的公共健康事件和相应的不满抗议活动，地方政府和公共健康官员应当做些什么？国外在这方面有什么成功的经验可以借鉴？今后面对类似的问题，如何能够以稳定的制度和相应的政策合理地应对，避免风险或者把风险降至最低程度？事实上，对于这些问题的回答属于应用伦理学的一个新学科——公共健康伦理探讨的领域。在市场经济飞速发展的今天，如果没有相应的约束和惩罚机制，便很难避免一些人，甚至地方政府以牺牲环境和健康为代价的"逐利"行为，而解决这种问题的要点决不在于四处"取经"，而在于公共健康伦理建设和补课，因为这一制度不仅是各种相应制度政策、法律法规建设的基础，也是预防公共健康伦理危机的关键。可以说，目前出现的"取经"现象恰好暴露了公共健康伦理的一种缺失。

在这方面，西方国家的一些做法或许可以为我们提供启示。在美国学者肯尼斯·古德曼等人的《公共健康伦理学案例研究》一书中，介绍了一些类似案例引发的公共健康伦理思考。例如，一个案例是：一个由医学专业人士、化学和环境专家以及健康管理者组成的联合研究小组接受政府和大学的联合资助，正在研究一个水电站大坝的附近可能具有化学毒物污染问题。事实上，人们已经发现这些环境毒物存在的证据。此时，医学专家着手分析与环境污染相关的患病率和死亡率问题；化学和环境专家开始评价污染的原因和可行的解决办法；健康管理者负责评价对于公共健康的风险，并确定政府如何做出适当的反应。这一案例提醒人们在检测环境污染数据时，环境科学家和地方官员都有可能出于各种利益考虑做出违背职业道德和行业标准的行为。针对这种可能性，要求人们讨论的伦理问题是：如何保证参与这一研究的各方能够诚实地公布数据，并以公众能够理解的语言向社会和受害者及时、客观地报告事件的真相，不再做出任何损害公众利益，导致政府公众信任度下降的行为？另一个案例是：有一个地区由于苯污染导致附近居民患癌症比例上升。一个由当地医院和大学组成的调查组负责调查此事。而其中的一位调查组成员更改了他所负责提供的那部分数据，其动机可能是让研究结果更具轰动性或者获得追加研究基金。这一案例提出的伦理问题是：研究者需要以什么样的伦理品格避免环境研究中的伪造数据问题？从公共健康伦理角度来看，在环境公共健康研究中，无论是违背职业道德和行业标准的行为，还是伪造数据的行为，都属于公共健康研究中的不正当行为，这种行为不仅影响公众与研究者之间的关系，也影响研究者之间的关系，影响到对于事实真相的探求，使公众和受害者的利益受到进一步的损害，影响社会的安定和谐。因而，与其他公共健康研究一样，环境公共健康研究要有两个道德底线原则——正直与诚实。美国社会从20世纪70年代起便非常重视类似的问题，针对科学研究中的不正当行为，美国"公共卫生与人类服务部"专门成立了"诚实研究办公室"，促使"公共卫生署"能够按照职能和规则进行管理，及时发现科学中的不正当行为，确保各项科学研究能够遵循"正直与诚实"的伦理原则进行。

借鉴西方的经验，面对频频发生的环境公共健康事件，我们的政府和相关部门应当做的第一件事是调查事件的真相，由各方专家经过认真的调查研究，客观地评估给受害人和公共健康带来的风险和伤害，这里既包括已经导致的风险和伤害，也包括未来可能产生的风险和伤害。为了保证能够获得公正的结果，研究组成员要有相当比例的外地或者上级机构的公共健康专业专家组成，其研究基金也应当由独立于"肇事者"和"利益攸关者"的机构提供，国家卫生部门应当有专员对于研究的"正直与诚实"进行全程监督，并在向公众报告结果、补偿和预防措施等方面为政府献计献策。最为重要的是，要通过政府和相关部门，包括各方专家的"正直与诚实"获得公众的信任，让老百姓和公众相信，即便自己受到了伤害，政府也不会不闻不问，它会秉公地处理，"给自己一个说法"。因为政府是人民的政府，尽管在市场经济中会遇到各种利益的纷争，但"公众的利益"和"公共健康"永远要胜于其他的考虑；其他的利益，如企业的利益、地方经济发展的利益、官员的升迁等都不能成为对于"环境公共健康"做出让步的理由。从长远来讲，各级政府和公共健康专业人士的主要职责还不是应对环境公共健康危机事件，而是预防这类事件的发生，把风险和伤害的可能性消除在萌芽之中，这既是公共健康的内在要求，也是伦理的内在本质，因为这两者的共同特点是"预防"，而不是"事后的处理"。

可以设想，如果各级政府通过公共健康伦理建设在老百姓和公众中有了如此的威信和信任度，其政府官员便无需四处"取经"，学习如何平息由于环境污染问题导致的不满情绪；受害人也无需以抗议行为表达自己的不满，社会也不会由于各种突发环境公共健康事件而动荡和不安。说到底，和谐社会建设的关键在于政府和官员的威信和领导力，而保证后者的关键是具有"正直与诚实"的伦理品格，即便目前尚无系统与完善的社会制度、法律法规为解决类似问题提供保障，也必须先有这种伦理品格和态度才能建立起公正的制度，提出让人们满意的解决问题方法。否则的话，即便有了完善的制度和法律法规，也会存在研究者、政府官员、利益攸关者被利益驱使做出损害公众利益行为的可能性。当年马寅初先生在谈税制改革时曾说道："税制之公平是一事，公平税制能够推行又是一事。"用到这里便是："公共健康体制设计公平是一事，这一公平体制能够推行又是一事。"因而，同制度伦理的公正性相比，执政者的伦理品格更为关键。

医生的职业精神

医生的职业精神（professionalism）是 2012 年 10 月 31 日在北京国际会议中心召开"第二届中美健康峰会"的一个主题，因为从国际范围来看，各国学者普遍认为医德滑坡与缺乏这一精神密切相关。国内学者在分析目前我国医患关系矛盾的原因时，常常提到医患信息不对称，医生关注技术而非病人，医生职业领域越发地宽泛，以及医务人员劳动价格被严重低估等问题，但在中国工程院院士钟南山教授看来，目前医患关系紧张的主要原因却是医生缺乏医德。由此看来，培育医德和提升医生的职业精神便成为解决我国医患矛盾问题的关键环节。

在这次峰会上，哈佛大学公共卫生学院的丹尼尔·维克勒教授以"职业精神是一种个人美德还是医疗卫生制度的产物"为题，集中探讨了医生职业精神问题。他认为医生职业精神危机是一个带有普遍性的世界问题，不仅中国存在，美国也同样存在。医生本应当是社会上最受人尊敬的职业之一，但美国社会对医生却缺乏足够的信任。这种信任危机不仅威胁到医生的职业，也威胁到医生的社会功能。美国社会的医疗卫生体制改革要听从医生的意见，无论是民主党还是共和党都是如此，因为如果不减少医疗开支，任何政府都将面临破产的风险。医生"职业精神"是20世纪70年代由社会学家诠释的一个术语，目的在于赢得患者的信任，强调为了达到有效的治疗目的，医生有权利接触患者的身体，知道患者的一些秘密，并利用这些信息作出判断。由于医患之间在医疗知识和信息方面的差异，患者必须相信医生不会背叛自己，不会利用自己的隐私获利。患者对医生的这种信任无疑地取决于医生本身所具有的职业精神，正是这种精神要求他们不能为了自身利益而置患者要求而不顾。维克勒看到，以往的职业精神要求更多地强调医生个体的职业美德，但在当今时代，医生的职业精神更关乎制度安排和体制建设。医生是决定人们如何花钱的人，在激烈的市场竞争中，他们是各个相关行业重点攻关的人群。有统计数据表明，医生大约有16种诸如器械厂商、药品厂商、私营企业等收入渠道，他们的大部分收入是体制给予的，有时各种利益笼罩在医生头上，让他们难以辨别和区分。因而，医生的职业精神面临一种"制度性腐败"（institutional corruption）的风险，仅从医生个体美德着眼来培育医生的职业精神是远远不够的。健康是一个社会性工程，国家卫生体系中的各个机构都应从人口健康目标出发审视自己的工作，探讨究竟要建设什么样的医疗卫生体制问题，因为这种体制设计才是保证医生具有职业精神的关键。

事实上，无论是制度安排还是体制建设，最终都要以培育和提升医生的美德和职业精神为目标。因而，从美德伦理角度来探讨医生职业精神问题似乎可以为实现这一目标提供新的进路。我认为，当代社会对于医生职业精神讨论与美德伦理的当代复兴已经形成一种呼应的态势。早在 20 世纪 50 年代，英国女哲学家伊丽莎白·安斯库姆便以《当代道德哲学》一文的发表呼唤美德伦理的复兴。而自 20 世纪 80 年代以来，通过菲利帕·福特、伯纳德·威廉姆斯、阿拉斯代尔·麦金太尔、迈克尔·斯洛特、洛萨琳德·赫斯特豪斯等美德伦理学家的努力，美德伦理在当代道德理论研究和实践中拥有了不可替代的重要地位。在美德伦理学家看来，美德之所以拥有价值，不仅在于它们能够促进人的生存目的——幸福和好生活，也在于它们可以打破主流伦理学领域长期以来由康德义务论和功利主义伦理学为代表的规则伦理的一统天下，为解决当代伦理学所遇到的实践困境提供新的思路和选择。美德通常被看成是来自行为者内在力量的卓越品质，如诚实、勇敢、友谊、公平、仁慈、关怀和良知等等。这些品质一定要在行为中表现出来，所以从古希腊哲学家亚里士多德开始，人们便一直把美德理解为一种"实践智慧"。而当代美德伦理认为规则伦理的不足主要体现在三个方面：一、更多地强调"我们应当做什么"，而忽略了"我们应当成为什么样的人"和"我们应当追求什么样的生活"问题。二、缺乏行动性和过于抽象，无法指明在具体情境中，行为者应当做什么。三、在进行道德评价时总是用"正当"与"不正当"、"义务"或者"允许"一类的词语，不仅显示出道德词汇的贫乏，也贬低了诸如友谊和关怀一类的词语所体现出来的人际关系意义。总体来看，美德伦理更关心行为者而不是行为本身，更关注"我们应当成为什么样的人"，而不是抽象的原则和义务概念。

依据美德伦理的基本观点，我们可以对如何培育医德和提升医生职业精神问题作出分析：首先，医生应当成为一个有美德的行为者，对于医德的信奉和践履与其个人欲望无关，这样才能保证从事医生职业的人具有能够成其为医生的卓越品质。其次，医生应当关注医学和医疗本身所要求的"实践智慧"，联系具体情境进行道德思考，作出最合乎自己身份和患者利益的选择。在当代生命伦理学家埃德蒙·佩勒格里诺（Edmund Pellgrino）等人看来，善是伦理学的目的，而生命伦理学的目的是"患者利益至上"。面对医学发展的市场化倾向，人们应当更多地思考这样一些问题：医生的角色应当是什么？是疾病的治疗者呢，还是公共利益的服务者？是商人、企业家呢，还是政客或科学家？医学知识应当用来做什么？应当由谁来作出决定，以及如何作出决定？根据什么准则来决定？再次，美德伦理也使医生在职业实践中获得道德评判的一种新视角，使其有可能摆脱先前医疗实践中遇到的伦理困境，例如以往人们在讨论流产决定时，仅仅关注强调母亲与胎儿之间的权利冲突，以及人的生命权利应当从何时开始等问题，但美德伦理学家则认为这些考虑并没有击中问题的要害，因为即便我们把最终的选择权交给母亲，她也有可能作出不合乎美德的选择，因而问题的关键还在于道德行为者是否以及具有何种美德。

培育医德和提升医生的职业精神也是改善我国目前医患关系紧张局面的关键，而美德伦理可以为这一改善提供理论依据。因而，我们不仅应当讨论如何来培育医德和挖掘医生职业精神本身具有的美德内涵，也需要讨论在社会主义市场经济背景下，如何对医生职业精神提出具体要求，以及如何以法律、法规、职业道德、个人美德教育等方式保证这些要求得以实施。新加坡有"新加坡医务委员会"和下设的"纪律法庭"保护患者的利益，确保通过法律程序把医生中的"坏苹果"挑拣出来。相应地，我国政府相关机构也应当通过制度设计和政策制定，以及法律和法规来确保医生能够具有职业精神，能够抵制住各种利益诱惑，避免"制度性腐败"，能够重新赢得公众的普遍信任，促进医患关系的良性发展。而这其中最为关键的问题是：要把医生职业精神和美德修炼的重点放在道德和伦理层面，因为正如古希腊哲学家德谟克利特所言，"由于害怕惩罚而行的美德不是美德，而是一种隐蔽的罪恶"，只有在道德和伦理层面真正地自觉、自愿地把医德和职业精神接受下来，才能对一个人产生最深切和最久远的影响。

"谁活着" & "谁死去"?

　　健康是人类社会追求的一个永恒主题，而医疗卫生体制改革也是一个世界性难题。放眼世界，迄今为止似乎并不存在一种理想的医疗服务模式，各国政府都在根据自己的国情进行艰难的探索。然而，尽管各国由于社会和经济发展水平差异而在医改道路上大相径庭，但分享和借鉴国际社会的相关经验却拥有重要的意义。2012 年 10 月 31 日，美国哈佛大学公共卫生学院、北京协和医学院和清华大学联合主办了"第二届中美健康峰会"，讨论的主题是卫生改革：如何有效发挥政府监管、市场竞争和职业精神的作用，会议的宗旨在于共同分享国际社会在提高医疗卫生服务的可及性，有效地控制疾病，不断提高人口健康水平方面的经验与教训。

　　2009 年，我国启动了新一轮医改，4 月份出台的《中共中央国务院关于深化医药卫生体制改革的意见》指出：当前我国医药卫生事业发展水平与人民群众健康需求及经济社会协调发展要求不适应的矛盾还比较突出。城乡和区域医疗卫生事业发展不平衡，资源配置不合理，公共卫生和农村、社区医疗卫生工作比较薄弱，医疗保障制度不健全，药品生产流通秩序不规范，医院管理体制和运行机制不完善，政府卫生投入不足，医药费用上涨过快，个人负担过重。在《意见》精神指导下，我国的医改已经取得阶段性的初步成就，到了 2011 年，全国基本医保参保率已达到 95%。以北京为例，北京地区有 2000 万人口，患病人群占 30%，为了落实政府把健康当作公共产品来提供的医改理念，北京市政府为解决"贫困人口看不起病，社区看不了病，大医院看不上病"等问题做了大量的工作，使目前北京地区医保参保率达到了 96%。尽管如此，我国医改在追求"2020 年达到人人享有基本医疗卫生服务"目标的道路上依旧困难重重，而最为突出的矛盾便是如何平衡政府、市场和个人三股力量的问题，这实际上也是各国医改中遇到的共同问题。

围绕着这一问题，第二届中美健康峰会主要提供了三方面可以借鉴的国际经验。首先，针对医疗服务资源配置不公正，农村地区缺医少药，以及城乡医疗卫生服务差距问题，美国中华医学基金会会长陈致和提出大力开发"人力资源"的建议。在他看来，医改成功的关键在于医疗卫生部门人力资源的开发，这一工程要比医疗基础设施建设和医学技术发展更有意义。实际上，医改可以分为两个方面：医学教育改革和医疗卫生体制改革。实现全民医保、疾病预防、初级卫生保健、基本药物制度建设，以及医院改革目标的关键是专业人才的培养。中国医改要从基层做起，从基本入手，人才、技术和资金要面向基层。面对城乡医疗卫生资源的巨大差距，中国应当大力培养农村医疗卫生人才，例如可以采取把医学院办到农村地区，招收乡村学生，国家和社会负责学费与住宿费，要求毕业生服务于当地人口，并给予相应的社会承认等措施。此外，他还认为中国社会也应当顺应国际发展趋势，建设和完善多元化的初级医疗卫生服务体系。

其次，针对医疗卫生服务日益市场化趋势问题，新加坡国立大学的 Phuakai Hong 教授介绍了新加坡如何平衡政府、企业和公众三股力量的经验，并侧重分析政府监管问题。他认为医疗健康资源的公正分配是一个重要问题，这关乎谁来付钱，谁来受益，提供什么样的服务，达到何种水平，如何分配，谁来控制和决策等一系列问题，而这里的根本性问题是"谁活着"和"谁死去"的问题。新加坡每年把 GDP 的 4% 投入医疗卫生服务。新加坡卫生部主要负责市场的监管，其工作由各个其他部委和城市管理部门配合完成。卫生部负责出台标准，下设不同的专业机构，主要依靠法律支持，并在长期的实践中形成一套有完整框架的法律体系，在制定法律法规上花大力气。新加坡有一个能够监管所有医生的"新加坡医务委员会"，共有 24 名成员，由职业医生和大学教授等人组成，不仅负责医生注册、医学教育等工作，也在约束职业行为方面起到重要作用。这一机构下设一个"纪律法庭"，法庭主席团由卫生部长任命，这一法庭享有所有法庭的权力，旨在依法约束医生行为，可以行使发传票、吊销医生执照和罚款等功能。一个有示范效应的案例是"苏珊·林（Susan Lim）医生案"。苏珊·林是新加坡的一名著名外科医生，是亚洲肝移植手术第一人，但她由于一次收取手术费高达 220 万美元被"新加坡医务委员会"传唤，接受停业 3 年和罚款 1 万美元的处罚，这是迄今为止"新加坡医务委员会"作出的最严厉判定。新加坡医疗服务强调的是同情心，主张医生的职责是治疗病人而不是病症。

再次，针对医改的绩效评估问题，哈佛大学公共卫生学院卫生政策与管理系主任阿诺德·艾伯斯坦（Arnold Epstein）教授介绍了美国在医改中"按绩效付费"（Pay for performance，P4P）的经验和教训。他强调美国进行 P4P 实验的原因是人们相信经济机制能够促进医疗服务水平的提高，这一机制要求医生提供更多的信息服务，追求患者更高的满意度等内容，美国有 80% 参加商业医疗保险的人都享有这种服务。然而，目前美国社会尚缺乏数据检验这一机制是否成功，现有数据显示的效果则是好坏参半。艾伯斯坦认为，检验医改是否成功的关键是看它是否关注到穷人和重症患者，但在美国社会这些群体却大都享受不到 P4P，所得到的医疗服务补偿率低，往往患有多种疾病，呈现出越穷病越重的状况，因而目前很少有研究表明可以通过P4P来提高贫困人口医疗服务的质量。

应当说，这些国际经验都强调了健康是通过政府、社会和个人三方共同努力获得的一种公共产品，仅靠任何一方的力量都无法实现这一目标。虽然平衡政府、市场和个人三股力量方面是各国医改面临的共同问题，但作为社会主义国家，我国政府在医疗卫生体制建设和改革中的责任和作用更为重大，其主要任务是让医疗卫生服务惠及全民，提供制度框架保证公共卫生服务均等化和医疗卫生服务的公平性、可及性，健全全民医保体系和完善基本药物制度，以及深化公立医院的改革，进而争取在2020年，实现"人人享有基本医疗卫生服务"的目标。然而不容否认的是，由于医疗卫生服务市场化的趋势，中国式医改正面临着方向与道路的严峻挑战。在中美健康峰会上，一些学者给出的研究数据表明，尽管有政府投入，但目前我国公立医疗机构运行机制与私立医院并无本质差异，主要靠的还是市场收费。1978年，我国医疗卫生服务市场化指数为20%，到了2010年，这个指数已达到50%，依照这一发展态势，预计到2014年，市场化力量就会超过政府力量。显而易见，这种市场化发展态势正在与政府的公共健康责任、政府对医疗卫生服务的监管之间形成一种力量博弈，其结果不仅关乎医改的成败，也关乎十三亿人的健康和社会的安定团结。因而，目前学术界更应当集中讨论这样一些问题：中国式医改的方向与道路是什么？政府在医疗卫生服务中的角色和责任是什么？如何理解以政府为主导的办医责任？如何增加政府对于医疗卫生服务的投入？在激烈的医疗卫生市场竞争中，政府应当如何以制度和政策、法律和法规进行监管？由谁来设定标准监督和评价这一监管的效果？如果目前公立医院和私立医院不可避免地走上市场化道路，政府和社会应当如何扶持前者，使之真正体现出公益性？如何通过一些具体措施和制度设计改善我国城乡、地域和贫富医疗卫生服务分配不公平的局面？个人和社会究竟应当承担什么样的健康责任？如何公平合理地制定个人支付医疗卫生服务的比率？如何降低目前个人在获取医疗卫生服务方面自付的比例？如此等等。中国医改——任重而道远。

"医学是最大的政治"

福柯说"医学是最大的政治"，这与我长期以来的一种看法相关，我一直以为医学是一种价值建构，尽管从其问世以来，它自身的目标就被嵌入不同的历史文化场景之中，始终受到不同的身体、健康和疾病等概念的纠缠，但所有这样的历史文化场景和概念，包括医学本身在内都体现出某种价值追求。这正如美国实用主义哲学家希拉里·普特南（Hilary Putnam）所言，人类依靠概念系统进行的一切智力活动都有价值因素的加入。医学当然也不能例外，不同的医学价值理想塑造出不同的医学模式，人们依据这些模式从事医学活动，进行医学管理，把疾病和健康置于不同的文化格局、社会和生命科学技术发展的过程之中，形成纷繁复杂的生命政治体制与结构。简言之，医学模式是在医学科学发展和实践活动过程中所形成的观察和处理医学领域相关问题的价值观和方法论。依据中国当代生命伦理学家孙慕义的看法，它"既包含有医学关系的外在形态，又必须反映其内部机构和本质，人为地造就成一种理论'模型'供我们研究和理解，指导卫生机制和体制的变革，以使得埋头于医疗业务中的人们有一个理想的工作摹本，作为目标去效仿和追求"。医学模式经历过一个漫长的历史发展过程，在1977年美国精神病和内科学教授G.L.恩格尔（G.L. Engel）提出"生物—心理—社会医学模式"之前，生物医学模式（biomedical model）一直处于主导地位。这一模式建立在西医经典理论，尤其是细菌论基础之上，强调疾病的生物学因素，并据此来解释、诊断、治疗和预防疾病，构建医疗保健制度，主张任何疾病，包括精神疾病都可以用生物学来解释，并相应地能在器官、组织和生物大分子层面发现形态、结构和生物指标方面的某种变化。依据这一模式，如果精神疾病不能用生物医学指标显现出来，它就不应当存在，于是就有了那场20世纪60、70年代，发生在哲学家、社会学家和精神病学家之间的激烈争辩，旨在回答"从严格意义上说，精神疾病是否存在"的问题。恩格尔的医学模式把医学从生物学拓展到心理学、社会学和哲学层面，使医生的目光从仅仅关注临床实践，尤其是生物学指标延伸到关注病人，以及围绕着他的自然与社会关系环境，尤其是社会医疗保健制度。相比生物医学模式，恩格尔模式的确是一种进步，然而伴随着后现代思维的兴起，人们愈发地不满足于这种模式，认为它没有突出身体和生命的政治含义，只注重病人的权利和情感，忽视医患关系的秩序和医生角色的意义，更为重要的是，他没有像福柯那样敏锐地意识到"医学是最大的政治"的真理性。

时光荏苒，几十年下来，无论是福柯还是恩格尔都似乎与我们渐行渐远。如何在后现代语境下，基于当代生物医学、哲学和医学哲学的发展建构新的医学模式已成为一个时代课题。毫无疑问，在这个强调个体权利和自主选择的时代，把纷纷杂杂的权利、生命、伦理、自我、身体、市场、医患关系和社会医疗保健制度的碎片话语整合起来，形成一种医学新模式绝非一件易事，孙慕义教授提出的"身体伦理医学模式"实际上是在进行这样一种尝试。

仔细琢磨，"身体伦理医学模式"好像是摆在我面前的一个立体正方形，以人性为底座和基础，以身体为轴心，以伦理关系为纽带和场所，所有的纵横关系中都贯穿着身体与人性、伦理、文化和生命政治之间的冲突，以及它们之间动态中的平衡。20世纪以降是一个"身体回归"的时代，现象学、后现代主义和女性主义哲学等理论纷纷对笛卡尔的身心二元论提出挑战，例如胡塞尔意识到身体是心灵的基础，但他把现实身体和心灵的有效性都归于先验的意识构造，让身心关系最终统一到先验的意识之中。海德格尔则通过把人界定为现世中的存在而在完全经验的意义上统一了身心关系。① 莫里斯·梅洛-庞蒂也提出"身体在世"的思想，从身体体验出发探讨知觉与被知觉世界之间的关系，强调向身体的回归，建构起身体现象学。庞蒂的身体概念在物理学和物理世界、生物学和生命存在、自在的客观存在与生活世界存在之间找到了一条通道。在他看来，作为一种认识世界的方式，现象学与大多数科学解释和分析思考不同，科学解释把我们与这一世界的关系还原为物理学和生理学原因起作用的过程，分析思考则把我们的具体经验还原成一个虚假的智能系统。而现象学描述的却是这个具体的世界。"我们的身体经验既不能被经验的生理学方法以一种客观的、解脱的思路加以理解，又不能被反思的心理学方法以一种客观的、解脱的思路加以理解。"因为"身体并不是与其他客体相等的一个客体。作为一个身体，它是经验的根深蒂固的基座，是我必须由之观察世界的观点。"② 因而，"身体伦理医学模式"不仅是对医学现代性、理性和父权制霸权的一种反叛，也是20世纪以来向"身体回归"的哲学趋向在医学模式上的反映。当然，这一模式中的身体已不是一个纯然的物质实体，以及身心二元论分割中的"身"之一面，而是作为"完整人"的身

---

① 张尧均：《隐喻的身体——梅洛-庞蒂身体现象学研究》，中国美术学院出版社2006年版，第33页。

② 〔美〕加里·古廷：《20世纪法国哲学》，辛言译，江苏人民出版社2005年版，第229、233页。

体，身体就是人的存在，而疾病则是一种与人的存在的疏离。

在后现代语境下，从伦理关系出发建构医学模式也颇具中国传统文化的意蕴。从伦理学意义上说，中国传统文化把所有社会关系都还原成伦理关系，并让这一关系具有无限的政治、经济和文化张力。我以为"身体伦理医学模式"是融合中西伦理文化的成果，它所强调的伦理关系突出了以病人为主体的疾病叙事。首先，它突出了"声音"的伦理意义。"声音是连接内外在世界的一种强有力的心理工具和通道。""发出一种声音意味着是人类。有什么东西要说意味着是一个人。"① 在我们这个时代，伦理应当强调声音的意义，赋予每一个人以一种权利——让他以自己的语言来讲出自己的故事，围绕着自身体验建构一个世界，即便是他在描述可以用科学精确分析的客观事物，这些事物也不再是自然界里的自在之物，而是存在于体验者与被体验对象所形成的独特关系中的事物。只有当他试图呈现和描述这些体验时，他人才能对于这些体验有所认识。也正是从这一意义上说，我才认为"身体伦理医学模式"通过让人"发声"来突出体验、感觉、差异和描述的价值，使每一个人都能平等地说话，尊重每一个个体的意识和身份，不再以宏大的叙事和强大的社会机器恃强凌弱。其次，它让人意识到身体的形而上学尊

---

① 〔美〕卡罗尔·吉利根：《不同的声音——心理学理论与妇女发展》，肖巍译，中央编译出版社1999年版，第19—20页。

严。人在健康时会从许多身外之物，而不是身体里找到自己的形而上学尊严。而当一个人患病时，他便失去了一切世俗的光环，被社会机器排斥在外，只能通过身体来获得某种身份。"我已经充分地领悟到在生命的一些境遇中，我们的身体是我们全部的自我和命运。我生活在我的身体中，此外别无他物……我的身体是我的灾难。我的身体是我身体的，以及形而上学的尊严。"① 再次，它为改善医患关系开启新的大门，要求我们反思以元叙事、理性精神、启蒙思想和历史哲学为基础的现代性知识，审视医患关系和医疗实践中的传统结构，建立新型的医患对话关系，意识到不同个体的健康需求，并通过医疗保健制度为其提供保障。

"医学是最大的政治"，医学模式中始终包含着"生命政治"的意义，从学理上说，我更愿意把这种"生命政治"视为"生命政治学"（Bio-political Science）。如果说政治学是关乎民生和人道的科学，其"研究的最高目标应是改善每一位普通人的生活境况"②，那么无论医学模式如何变迁，作为一种"生命政治学"，它的最高目标也都应是改善每一位普通患者的健康境况。"极高明而道中庸"，我想这也是孙慕义教授提出"身体伦理医学模式"的良苦用心。

---

① Lawrence Langer, *Holocaust Testimonies: The Ruins of Memory*, New Haven: Yale University Press, 1991, p.89.
② 王沪宁：《王沪宁集——比较·超越》，黑龙江教育出版社1989年版，第3页。

因病致贫的"靶向治疗"

因病致贫是当代中国扶贫工作中的一块硬骨头，尽管中国已经宣布将在 2020 年消灭绝对贫困，然而许多地方病要通过综合治理的方法，不可能全部得到解决，因而我们需要思考如何围绕着当前 2000 万人口采取因病致贫的"靶向治疗"。毫无疑问，这是一种新的健康扶贫思维方式，而从性别视角分析，其意义主要体现在以下四个方面。

首先，因病致贫的"靶向治疗"思维方式可以把抽象的扶贫原则转化为有具体操作性的关怀实践。女性主义关怀伦理学十分注重具体情境，而不是抽象的和普遍的原则。在西方传统伦理学中，无论是义务论还是目的论，都求助于抽象的和普遍的原则，要求道德行为者让自己的道德体验服从于一个抽象的原则，诸如义务论代表康德的"绝对命令"，或者目的论代表功利主义的"功利"原则。然而，关怀伦理学并不求助于抽象、普遍的原则，而只是关注在具体的情境中是否能够建立和维系关怀关系。在完成一个道德行为时，人们不必探讨其他人在这种情况下应当如何去做，只保证自己做到实施关怀即可，例如关怀伦理学家内尔·诺丁斯强调："我想建立一种关怀伦理学，我认为存在一种自然的和人们都能接受的关怀形式，某些情感、态度和记忆将被视为是普遍的。但是，这种伦理学本身将不体现为一系列普遍化的道德判断，实际上道德判断将不是它所关注的核心。"从医学上解释，顾名思义，"靶向治疗"是以靶点作为指导方向的治疗方法，所以必须是具备靶点的患者才可以选择靶向治疗，也只有具备靶点的患者才可能从靶向治疗中获益。由此引申开来，我国政府的扶贫目标从扶贫到精准扶贫，再到健康扶贫和"靶向治疗"，实际上是一个不断深化寻找扶贫"靶点"的过程，并以这些靶点为方向提出治疗方法和战略策略，使被扶贫者真正地在最需要的"短板"处受益。这既是一个逻辑观念层层递进的过程，也把扶贫工作从抽象原则落实到具体的关怀实践。

其次，因病致贫的"靶向治疗"思维方式通过对于社会底层和边缘人群的关注体现出追求公正的伦理价值观。医疗保健资源的公正分配是女性主义生命伦理学关注的重要目标。美国当代著名伦理学家约翰·罗尔斯认为：公正概念就是由它的原则在分配权利和义务、决定社会利益的适当划分方面的作用所确定的。在对于公正的理解上，人们也常常把它与平等等同起来，例如把公正理解为被平等地对待，不公正理解为被不平等地对待。这种理解是由古希腊哲学家亚里士多德提出来的，却仅仅是一个最低的形式要求，因而也被称为形式公正原则。显而易见，在实践中，这种平等和公正观是缺乏操作性的，主要是因为它们没有指明在哪些具体方面人们应当被平等和公正地对待，而且不同群体所持有的判断标准也不同。而女性主义生命伦理学强调首先必须要关怀和关注社会中处于不利地位的人们，尤其是女性群体，因为"传统生命伦理学是有缺陷的，因其未能认识到和关注性别鸿沟"，"关怀"是最重要的道德价值，公正则是最低限度的关怀，也是最大范围的、最为基础性的关怀。公正并不能与平等等同起来，而需要根据人们社会地位、经济条件和具体境遇的差异给予分别对待，以期达到让处于最不利地位者得到最大收益的目的。因病致贫的"靶向治疗"思维方式体现出"一个都不能少"兜底式的在差异中追求平等的公正观，旨在用医疗保健资源的公正分配来落实社会主义核心价值观。从这一意义上说，检验一种医疗保健分配制度是否公正的标准便成为是否每一个公民，无论社会地位、性别和经济状况如何，都能被包括在一种关怀关系中，体验到了来自制度和社会的温暖和关爱。

再次，因病致贫的"靶向治疗"思维方式体现出以"靶向群体"为目标的公共健康意识。公共健康的一个重要特点是重视公众和人口的健康，强调群体，而不是个人的健康。如对于一位高血压患者，医生通常提出的问题是："为什么这位患者在这个时候会患上这种疾病？"而从公共健康角度医生会提出不同的问题："为什么这些人口会患高血压？而这种疾病在另一些人口中却很少见到？"这是两种探讨发病原因的方法：一种力图解释个体患者发病的原因，而另一种则寻求群体发病率的原因。因而，如果说公共健康也拥有患者的话，这个患者就是"群体"或"社会"，公共健康是一种"挽救人口统计学意义上的生命和减少患病率的方法"。2017年2月23日，世界卫生组织（WHO）宣布目前全球抑郁症患者人数已达到总人口的4%。2015年全球已有约3.22亿人患抑郁症，相比十年前人数增长了18.4%，每年在全球范围内，抑郁症会造成超过1万亿美元的经济损失，这一疾病已成为全球范围内头号致残元凶。女性患抑郁症的比例约为男性的1.5倍，而且全球约80%的精神障碍患者都来自中低收入国家。三类目标人群是患病的重点群体——青少年和年轻人，育龄女性尤其是产后女性，以及60岁以上的老年人。根据因病致贫的"靶向治疗"思维方式，我们需要追问的是：为什么这些群体成为抑郁症的重点群体？现有的医疗保健制度是否忽略了这些群体的特殊需求？应当如何针对这些"靶向群体"采取特有的医疗保健措施？如何通过制度建构和政策制定满足这些群体的利益和需求？如何出台一些政策帮助抑郁症"靶向群体"例如育龄女性群体摆脱抑郁?

此外,因病致贫的"靶向治疗"思维方式从社会制度层面全方位地思考摆脱贫困的路径。从深层意义上说,贫困不仅意味着低收入,低消费,而且也意味着缺少受教育的机会,营养不良,健康状况差,没有发言权和恐惧等。联合国开发计划署《人类发展报告》和《贫困报告》指出,人类贫困指的是缺少人类发展最基本的机会和选择——长寿、健康、体面的生活、自由、社会地位、自尊和他人的尊重。消除贫困不仅仅是增加收入,改善教育和卫生条件在消除贫困中也拥有重要的意义。通过"靶向治疗"来脱贫本身是中国政府在啃扶贫这块硬骨头中的一个"壮举",在整个发展中国家中具有示范意义。既然疾病具有多方面的成因,对于疾病防治也必须进行全方位的思考,并通过制度建设来保障和实现。流行病学中主要有两种最具代表性的疾病成因理论:关于疾病的生活方式成因说和关于疾病的社会成因说。前者认为,疾病来源于人们的生活方式,个人对于生活方式的选择具有决定意义。而后者强调一种具有性别视角的观点:既然"个人都是政治的",那么社会经济和政治关系会对健康与疾病,以及疾病的分布具有决定性影响,不同群体会由于在这些关系中所处的地位在健康方面受益或受损。因而,我们必须把这两种疾病成因理论整合起来,从生物医学、生活方式、文化、行为和社会等因素入手分析流行病成因。从这个意义上说，因病致贫"靶向治疗"实际上是一个社会综合治理的大工程，每一点点进步都具有深远和历史意义和政治影响，不仅关乎国计民生，更关乎每一位老百姓的生存与健康权利以及获得感和幸福感。

从特丽案看"安乐死"

2005年，美国社会关于"安乐死"的伦理争论由于特丽·夏沃案例再度掀起高潮。美国总统布什于3月21日签署了美国国会史无前例通过的紧急法案，要求延续佛罗里达州脑部严重损伤、呈植物人状态15年的妇女特丽·夏沃的生命。布什在白宫发表声明说："我国的社会、法律和法庭必须有重视生命的推定。""我今天签署法案，使之成为法律。法律将允许联邦法庭审理特丽·夏沃提出或代表她提出的请求，即不要妨害她想留住或除去维生所需的食物、流液或者医疗的权利。"在这之前，特丽的父母与其丈夫之间关于是否"拔管"的"生死诉讼"已经历时7年，3月18日医生根据佛罗里达州一家法庭的裁决，再次拔除了维持特丽生命的进食管，使其进入"自由死亡"状态。

尽管这一案例具有浓厚的政治色彩，但从生命伦理学领域来说，这只是为西方社会长期以来关于"安乐死"的伦理争论提供一个新的案例。"安乐死"一词源于希腊文euthanasia，原意指"善终"或者"无痛苦"的死亡，在20世纪，也解释为"仁慈的杀死"，指遵照病人或家属的要求，对于身患不治之症，濒临死亡，而又处于极度痛苦之中的病人，使用医学手段使其无痛苦地死亡。

安乐死概念本身也是颇有争议的。一些学者认为，"安乐死"的概念是含糊的，应当用"听任死亡""仁慈助死"和"仁慈杀死"三个概念来替代。"听任死亡"指的是当一个人患有所有医疗处置都毫无效果的晚期疾病时，让患者在舒适、平静和尊严中自然地死亡。"仁慈助死"是指根据患者的要求，采取直接行动结束其生命，这实际上等于一种受助自杀。"仁慈杀死"指的是不经患者同意，由某人采取直接的行动结束其生命。这一决定的前提是，患者的生命被认定为不再"有意义"，而且如果患者能够讲话，他也会表达出求死的愿望。

在研究安乐死问题时，我们也应当注意作出两种区分：1.就安乐死的方式而言，包括了"被动安乐死"和"主动安乐死"。"听任死亡"相当于"被动安乐死"，而"仁慈助死"和"仁慈杀死"可以理解为"主动安乐死"。1986年，美国医学会伦理司法委员会宣布，对于晚期癌症患者和植物人，医生可以根据伦理判断停止包括食物和饮水在内的所有维持生命的医疗手段，这实际上是对被动安乐死的认可。2.就当事人的意愿而言，包括了"自愿安乐死"和"非自愿安乐死"。"自愿安乐死"或是由行为的接受者来完成，或是应行为接受者的要求来完成，而"非自愿安乐死"是指在没有当事人同意的情况下完成的安乐死，这或是因为患者没有能力作出决定，或是因为患者的意愿无法知道。安乐死也能够在违背某人的意愿情况下完成，这也属于"非自愿安乐死"。多数安乐死的讨论拒绝接受任何形式的"非自愿安乐死"。按照上述分类，被媒体炒得沸沸扬扬的特丽案例从安乐死的方式来说，属于"听任死亡"或者是"被动安乐死"；而就当事人的意愿而言，则相当于"非自愿安乐死"。

在关于安乐死的伦理争论中，主要有两种针锋相对的观点：一种观点坚持反对安乐死，其理由在于：1. 尽管安乐死出于免除病人痛苦的动机，尽管人们认为这对病人和家属都是件好事，但事实上家属不仅要承担失去亲人的痛苦，而且不得不面对来自社会各方的压力。2. 安乐死的行为或许是出于病人的意愿，但在病痛、恐惧和精神压力的情况下，病人或许作出的并非是理性的决定。3. 人的生命是自然的，人们只是自己生命的侍者，生死应当听候自然。4. "好死不如赖活着"，生命的价值要高于死亡的价值。5. 安乐死可能使医生放弃挽救病人生命的努力，也有辱于医学的内在本质和使命。6. 病人家属、医生可能为了个人的利益利用安乐死谋杀病人。另一种观点是赞成安乐死，其理由是：1. 安乐死可以免除临终病人的痛苦，对于垂危病人的痛苦不采取措施是不人道的。2. 安乐死可以免除巨额的医疗费用，不仅解除病人家属的经济负担，而且有利于社会医疗资源的公正分配。3. 安乐死是人的自主性的最终体现，人们有权控制自己的生命，在尊严中死去。

安乐死的提出首先是当代医学科学能够成功地延缓死亡的结果。现代医疗设备可以使一个心肺功能丧失的患者仍旧可以靠呼吸器、心脏起搏器等设备活下去，这就带来人们对于生命质量和意义的不同以往的关注和思考。同时，由于现代社会民主政治和人们权利意识的不断增强，人们对于生命和死亡问题的思考也越发地体现不同的道德抉择。

然而，如今西方社会关于安乐死的伦理争论不仅由于类似特丽的案例牵动着人心，搅动着政坛，也使司法部门不时地陷入困境，这种局面催促着各国关于安乐死问题的立法以及公众对于这些法律的认可。

二、女性、女性主义与哲学

女性主义的启蒙意义

　　在后现代语境下，人们会对启蒙运动与女性主义之间的复杂关系感到惊奇。无论康德和福柯等人以何种新颖和富有启发性的方式讨论启蒙运动，但都没有试图让女性参与进来。因此，在后现代女性主义者看来，启蒙运动中产生的各种观念，例如权利、平等、尊严、个体性、理性、民主和自主性都是属于男性的遗产。然而不可否认的是，女性主义运动所奋斗的目标，例如性别平等和妇女权益等都带有明显的启蒙运动色彩，所以对于女性主义来说，启蒙运动是一个模糊而敏感又充满悖论的话题。在这种背景下，如果试图讨论女性主义的启蒙意义，以及它对中国当代社会的影响，就必须涉及这样一些问题：启蒙运动与现代性的关系？启蒙运动对女性主义的影响？女性主义在当代中国社会的启蒙任务？

一、启蒙运动与现代性的关系

显然，我们中的大多数人都会同意这一看法：当代伦理学中的最关键问题都是由启蒙运动导致和形成的。无论我们如何定义这一运动，启蒙运动都是"现代性"（Modernity）的核心和指南。因此，如果我们试图讨论启蒙运动，必须先说明什么是"现代性"问题。尽管人们对此看法不一，但现代性主要是指后传统的、后中世纪的历史时期，以从封建主义走向资本主义、产业化、世俗化、理性化、民族国家、宪政体制以及各种监督形式的形成为标志。从伦理角度来说，现代性更多地意味着等级制结构、个人主义、主观主义、普世主义、还原主义、整体主义和多元化。从历史实践来看，现代性主要体现为社会转型，并呈现出如下现象：1.每种文化都被迫从一个小的地域性社会转变为更大规模的组合型社会。2.经济掌控着整个社会，新的社会秩序必须由经济力量来调节。3.工具理性。人们在功利主义道德原则的支配下追求各种利益。4.人口随着劳动力和资本流动。5.随着传统生活方式和社会关系的变化，人们渐渐地失去自己原有的身份和自我。简言之，如果我们一定要把启蒙运动与现代性区分开来，那么可以说前者是后者的理论和概念基础，而由此形成的现代社会则是启蒙运动的实践结果。

二、启蒙运动对女性主义的影响

我们至少可以从理论与实践两个方面来讨论这一问题：从理论上看，欲回答启蒙运动对女性主义的影响问题必须先说明启蒙运动的本质，而这实际上是令众多哲学家困惑和根本无法给出满意答案的问题。对于康德来说，人类之所以需要启蒙，是因为自身精神上的不成熟，如果要摆脱这种状态，用自己的智慧来思考，就必须获得启蒙。启蒙是人类时代的到来，它能把人从无知的、愚昧的和不成熟的精神状态中解放出来，启蒙是一种精神解放。康德以寻找差异的方式来反思启蒙问题，试图分析我们"今天与昨天相比有什么差异？"确定"我们是谁？""我们在想什么？"以及"我们今天要做什么？"而作为历史目的论批评家的福柯非常赞同康德的这一看法，认为康德所说的启蒙并不是朝着一个理想社会进步的乌托邦梦想，而是让人们体验当下的时代，质疑当代哲学的话语和反思当代社会的现实。

康德和福柯等人的启蒙观对女性主义产生很大的影响。事实上，启蒙运动与女性主义之间的那种认可与对立、建设与抵抗之间的紧张关系本身便决定了女性主义学者内部在启蒙运动遗产问题上的分歧，这正如凯特·索珀所言："现代女性主义，无论在过往还是现在，都一直在并通过对启蒙运动的批评，以及对它的接受来构建自身。"因而，女性主义对于启蒙运动的批评一直是内在性的，从18世纪的玛丽·沃斯通克拉夫特便开始了，其核心思想便是要求给女性平等的主体地位，使之获得启蒙运动所主张的权利、尊严和自主性等。然而，后现代女性主义者却认为，这些并不是属于女性主义的遗产，因为它们都是男性和父权制文化的产物，例如自主性强调人的个体性，而不是与他人的联系，但从波伏瓦以降的女性主义者却一直试图把这种内蕴着男性文化视角的启蒙观念永久化，没有意识到女性主义所需要的恰好是与这些启蒙理性和真理决裂。然而依我之见，尽管启蒙运动和现代性对于女性主义和女性有某种消极影响，但主流却是积极的，仅从伦理观念而言，女性主义至少可以继承两种来自启蒙运动的遗产：公正和关怀的原则。在通过启蒙运动发展而来的西方道德哲学中，我们也可以看到两种趋势，一种强调权利、理性、自主性、民主和公民身份，以及精神解放；另一种则强调情感、同情、爱与关怀，而这恰好是女性主义伦理关怀的理论来源，我们始终可以把关怀看成是公正的基础，换句话说，公正是一种底线的关怀。

从实践上说，我们可以通过现代性来思考启蒙运动对女性主义的影响，其方法论进路是分析现代性对于妇女的影响。简单地说，现代性为女性塑造了一个新的生活世界，也改变了她们的思维和行为方式。这种改变具有积极和消极两方面意义，而前者亦可概括为五个方面：1. 现代民主政治唤醒了人们的权利和自由意识，以及女性争取解放的意识和世界范围内的女性主义运动。2. 现代商品市场培养了女性的各种生存技能和竞争能力。3. 文化的多元性使女性走出原有的狭小世界，有了更广阔的视野。4. 随着人口流动，女性有更多的机会分享社会转型带来的利益。5. 工具理性引导包括女性在内的人们取得更大的经济效益，促进了生产力的发展。后者则具体表现在：1. 现代性社会依旧把女性置于如同她们在传统社会中那样的边缘地位。这正如吉利根所言，女性在男人生命周期中的地位依旧是"养育者、照顾者和合作者，是关系网络的编织者，并转而依赖这些网络"。2. 女性必须面对激烈的市场竞争，这致使许多发展中国家的女性成为被资本主义剥削的对象。3. 伴随人口流动和移民，地方文化受到外来文化的巨大冲击，女性从此失去了原有的稳定生活，在与外来文化融合的过程中，甚至失去了自己的身份和地方文化之根。尽管如此，我们也必须客观地承认，虽然现代性的父权特点最终把女性从法国革命人权宣言中排挤出去，但女性依旧从启蒙运动和现代社会中获得了诸多利益。现代社会带来人们的重新安置和利益的重新分配，使女性能有机会为自己的生存寻找更合适的位置。

三、女性主义在当代中国社会的启蒙任务

公正是当代世界政治哲学与伦理哲学的主题，因而从伦理角度上说，女性主义在当代中国最重要的启蒙任务是追求性别公正和社会公正，这实际上也是女性主义在当代世界的使命。

女性主义公正观似乎有三种启蒙意义或贡献：其一是超越了传统义务论和功利主义公正观。当代美国道德哲学家戴维·约翰斯顿通过对西方道德哲学史的考察发现，多年来，我们一直从两个领地——义务论和功利论来讨论公正问题，然而倘若我们追溯道德哲学史便会意识到，对于公正最古老和得到广泛认同的观点并非由这两种理论衍生而来，而是来自人际关系的特性，主要是基于一种对互惠概念的理解，互惠足以塑造所有的公正概念。这一观点为女性主义公正观进入主流伦理世界开拓出空间，因为女性主义公正观的特质便是强调围绕着关怀所形成的人际关系和互惠。其二是女性主义把性别视角引入公正概念。例如美国女性主义哲学家艾里斯·杨特别关注贫困，尤其是女性的经济贫困问题。她犀利地指出，在过去的二十多年里，美国社会有一个观念上的巨变，以往人们相信贫困是国家的耻辱，但如今人们更多地认为这是一种个人责任，正是因为贫困群体没有像其他社会群

体那样对自己负责，经常从事一些偏离社会和自我摧毁的行为，才导致了他们的这种贫困的生存状态。而杨却强调，我们必须把社会结构看成公正的主体，政治、经济和社会结构才是分析贫困起源的关键，人们无法以个体责任指向来解决这一问题。其三是从多重社会结构之间的互动来探讨公正问题。例如美国女性主义政治哲学家南希·弗雷泽提醒人们不要仅从经济不平等角度来思考，把对公正的追求只锁定在再分配方面，而要从一个三维的公正结构，即社会经济、文化和政治结构之间的互动来思考公正问题，意识到性别公正和社会公正至少要有三种诉求：再分配、承认和代表性。

可以说，这些女性主义公正观对于当代中国社会的公正和谐发展不仅具有启蒙意义，也具有社会变革的力量。启蒙运动既是一个历史进步的过程，也是我们今天的社会生活，如同康德所说，关系到"我们是谁？""我们在想什么？""我们今天要做什么？"无论历史本身是否具有自身的目的，以及目的如何，人类总会在当下的思考和实践中追求更理想的明天，从这个意义上说，对于启蒙话题的争论会永远进行下去，而当代中国既是历史上的启蒙理念的实验基地，也正在以前所未有的启蒙精神为人类社会作出卓越的贡献。

女性主义：未来研究

国内曾有同仁问我："国外女性主义是否已经走下坡路了？人们似乎不再关注它了。"我当时回答是："其实也并非如此，或许如同空气和水一样融入人们的日常行为和生活中了，没有必要时时提起。这就好像公共健康一样，工作做得越好，就越显示不出它存在的意义，而殊不知正是由于这些工作本身才使其看上去缺乏意义。"寒假去瑞典访学，两件事促使我思考女性主义及其哲学的未来问题。其一是美国总统特朗普上任不到 24 小时，在美国华盛顿、纽约、芝加哥、洛杉矶等地便爆发了大规模的女性游行（2017 Women's March），有上百万人参加了大规模游行，喊出"女权即人权"的口号，对特朗普的一系列侵犯女性的言论和行为进行抗议。这次游行迅速得到其他国家女性的响应和支持，被称为美国自 1964 年反越战游行以来最大规模的示威活动，同时也让全世界人民再次看到女性主义运动和女性团结起来的力量。其二便是女性主义学术的新近发展。越来越多的青年学者加入女性主义学术研究的队伍中来，用这种理论思维方式去发现、概括、思考和解决女性与社会发展中面临的各种问题，畅想一个没有剥削压迫的理想社会，并愿意为之努力奋斗。

2010 年，女性主义哲学杂志 Hypatia 在庆祝自主创刊 25 周年之际，特地请了几位新一代女性主义哲学家一起讨论女性主义及其哲学的未来问题。这些学者一致认为，女性主义哲学未来需要完成的工作主要在于：第一，挑战普遍和本质论结构，而不滑向相对主义；第二，集中研究殖民化和缘身性问题——把分析视角从抽象地谈论压迫转向具体研究全球范围内种族女性和殖民地社会女性的世界观与斗争；第三，解释思想、存在以及社会的物质性；第四，证明女性主义哲学是有特色和有价值的，尽管目前还需要在哲学学科内进行驻守边缘的斗争。

她们也对女性主义及其哲学的发展提出了新的见解。例如艾米丽·S.李（Emily S.Lee）指出，女性主义不能被理解为在短期内找到解决性与性别压迫问题方式的理论，因为依据这种认识，如果女性主义运动取得成功，女性主义及其哲学便会退出历史舞台，相反"女性主义理论应当朝着超越仅仅为压迫提供解释的方向发展，成为一些解释和理解世界的透镜"。她强调用女性"缘身性体验"来发展女性主义哲学，通过身体在世的"体验"说明女性主义的政治目的、身份和对平等的追求，因为只有身体才能敞开这种可能性，而每个人特有的缘身性是构成其主体性的基础。

这种看法也得到亚历克萨·施林普夫（Alexa Schriempf）的赞同。施林普夫看到，西方传统认识论一直轻视身体、情感和特殊的境遇，仅仅关注普遍的、抽象意义上的主体和理性。然而事实上，每一个认知者都是"境遇认知者"（the situated knower），因而有必要讨论性别、种族、阶级、性、年龄、国家、宗教和残障等因素如何影响到人们的认知和体验。她的这一观点也意在强调性别、身体及其环境的物质性，认为认知绝不是空穴来风，人们都是基于自己的体验和经历来看待和解释自我、关系、社会和世界的。施林普夫也是一位倡导残障人权利的哲学家，主张把残障、种族、阶级、性别和性整合起来，一并作为一个人认知的基础和表达，而不是像传统认识论那样摈弃这些因素，抽象地追求知识的"客观性"。另一位学者伊丽莎白·威尔逊（Elizabeth Wilson）也强调要摆脱人类大脑的区域来重新安置人的认知，把它作为大脑与身体、身体与身体、身体与环境之间的一个关联性存在，置于一个适当的地位。

面对女性主义哲学尚处于边缘化地位的局面，克里斯汀·内特曼（Kristen Intemann）提出一个"偷袭策略"，目的是让女性主义哲学在不被识别的情况下溜进主流哲学，但她最终还是否定了这一策略，认为这会贬低女性主义的政治承诺。她提出女性主义哲学家应当多做一些经验研究，探讨这种边缘化状况是如何发生的。理解这些问题的本质有助于识别和摆脱女性主义学者在发表论文、被雇佣和提职方面所遇到的困境。她还鼓励女性主义哲学家向顶层杂志提交论文，争取成为杂志的编委，以及采取与非女性主义学者合作的策略呈现自己的成果。也有学者主张，女性主义哲学家应当更多地在交叉领域进行研究，例如把女性主义研究与后殖民主义理论、种族理论、科学技术理论、酷儿理论和残障研究结合起来，以便提出能够解释问题的新概念、新思想和新路径。

20世纪60年代中叶，学术界出现了一门新学科——"未来研究"（Future Studies），它在许多国家，包括瑞典被建立起来，旨在识别和研究未来所面临的重要挑战，引发公众对于关键问题的关注。一些女性主义学者也主张加入"未来研究"的队伍中，并借此机遇思考和展望女性主义的未来。她们发现，"未来研究"传统上一直与规划和政策制定相关，通过研究者来提供与政策领域相关的制度建设、区域发展、社会保障体系、环境的可持续发展、人口增长和教育等方面的解释，而这些研究者会描绘出一幅单一的和可控的图景。也正因为如此，女性主义学者必须加入"未来研究"之中，共同谋划一个可变的、多样性的、差异的、有性别视角的未来，不仅仅作为批评者，而要形成不同的生产性方案（productive project），作为创造者来加入。事实上，"一场基于以往数十年女性主义理论积累的，多层面的关于女性主义未来的辩论"业已拉开帷幕。

记得一部影片中有一句台词："人不能靠希望活着，但人活着不能没有希望。"的确，希望是一个人活下去、活得好的动力和源泉，正因为人类能够建构自己的各种希望，所以才活得有意义，并且如此地丰富多彩。同样，女性主义及其哲学也需要描绘和展望自己的未来，也许人类历史上会有那么一天再无剥削和压迫，人们都公正平等地分享自己创造的各种财富，因而也就再无那种以反对性别歧视，争取性别公正和平等为主旨的女性主义及其哲学存在的必要性。然而，人们也不能排除一种艾米丽·S.李所说的可能性，即经过漫长的历史发展，女性主义已经成为"一面解释和理解世界的透镜"，并伴随着人类历史的步伐延续下去。所以，当我们讨论女性主义及其哲学的未来时，一定要先界定希望，在这个基础上制定出达到各个"小目标"的步骤和计划，让它们渐渐地连成一条线，或无数条线，筑成女性发展和社会进步的道路。

在与瑞典女性主义人类学家薇拉·格兰（Wera Grahn）交流时，她讲到瑞典的女性主义运动是呈"波浪形"发展的，总是在起起伏伏中踯躅前行。而在我看来，其实不只是女性主义运动，女性、社会、文化、历史和人类的进步也都是这样发展着的，无论起伏的峰尖有多高，落点有多低，其方向却总是向前的。"前途是光明的，道路是曲折的。"希望在明天，或者说明天更美好，但通往明天和未来的路却在脚下。

女性主义哲学：to be or not to be

　　《周易·系辞》曰："形而上者谓之道，形而下者为之器。"在女性主义哲学蓬勃发展的时代，许多非女性主义哲学家却不认可女性主义哲学的"哲学"地位，甚至著名女性主义哲学家朱迪斯·巴特勒也认为，当代哲学已经不可避免地呈现出一种"非哲学"倾向，因为它并不遵守那些哲学学科原有的、看似明了的学科规则，以及那些关于逻辑性和清晰性的标准。然而人们应当意识到的一个事实却是：女性主义哲学的发展正面临一个 to be or not to be 的悖论。如果不依照哲学的"常规"出牌，试图进入主流哲学世界便极为困难，而且在自身的理论发展中也会面临从概念到体系、从逻辑清晰性到体系完整性的无尽争论，这些争论和自相矛盾无疑会阻滞女性主义哲学前进的脚步，或使其只停留在"器"之层面，或使其无法上升到"道"之境界。反之，如果女性主义哲学依据已有的哲学传统"游戏"，那它必须在"道"

与"器"两个层面并进，也就是说既要"哲学"，又要"非哲学"，前者为"体"，后者为"用"，体用关系既是理论与实践的关系，又是"形而上"与"形而下"的关系。笔者的观点是：道器互补、体用互惠应当成为女性主义哲学追求的目标。而且，在女性主义运动和实践发展到如今的时代，女性主义哲学或许更应当在"道"的层面做出努力，因为它是其打开主流哲学世界大门的一把钥匙。

事实上，巴特勒等女性主义哲学家对于哲学所持有的后现代性"否定"观点也只能算作女性主义哲学的一家之言，她把女性主义哲学中的许多基本概念，例如性别、女性、性等都看成变动不居的，流动的、模糊和没有边界的何尝不是一种诗意的浪漫？但当我们以一种近乎顽固的意念追求一种清晰性和稳定性，并在其基础上建构理论大厦时，手头还是需要有一些坚硬的、在一定时间内具有相对稳定性、统一性和相对不变的砖石，也就是说，在女性主义哲学家的队伍中，需要巴特勒，也需要以哲学传统来脱坯烧砖的人们。在牛津学习的日子里，我看到许多女性主义哲学家正在这方面做艰苦的努力，这使我不再同以往一样观望窗外变换的朝阳和晚霞，以及雨后的彩虹和在湛蓝天空中飘浮的流云，也常把目光收回来关注一些类似本体论和认识论，甚至"形而上"的基本问题，带着"反哲学"的头脑回归到"哲学"。

我不断地问自己这样一些问题：女性主义与"形而上"

或者"形而上学"是什么关系？女性主义在形而上学范围内有自己的地位吗？女性主义能为形而上学做些什么？既然女性主义的目标在于变革社会的政治和道德实践，在一个"形而上"和"形而上学"普遍遭受批评的时代，研究女性主义哲学之"道"有何意义？我想到一个女性主义哲学自诞生之时便面临的理论难题，即它的根基是什么？这样提问的原因在于：在一个认同和身份呈现多元化和碎片化的时代，谁是女性？谁能代表女性说话？如果没有一个类似于"女性共同属性"的东西把女性统一起来，女性主义及其哲学何以成立？例如一些质疑女性主义关怀伦理学的人们经常提出的问题是：如果关怀是女性共同的特点或者本质，那么如何解释它来自父权制文化的历史事实？因为正是由于女性在历史上一直被安置在私领域，不能在公共领域展示才能，所以她们的主要性别角色才是关怀。如此说来，如果把关怀作为女性的共同特点和本质的话，就不仅延续了父权制思维，也无法呼吁男性更多地承担关怀角色。而且父权制文化在倡导女性关怀时，一直把它视为女性的"天然本性"，而不是来自自身对这种"天然本性"的设定，因而，倘若女性主义关怀伦理学依旧在这种背景下强调女性的"关怀"角色，无疑等于在协同父权制文化强调一种"性别本质论"，把历史上的性别不正义延续下去。在许多女性主义哲学家看来，"性别本质论"是那种主张男女两性都具有由生物学因素决定的，不可改变的本质属性的理论，例如认为女性的本质属性是肉体的、非理性的、温柔的、母性的、感情型的、缺乏抽象思维能力的、关怀的和有教养的等，而男性的本质属性可以归结为精神的、理性的、勇猛的、攻击性的或自私的等，而且这一理论还相信这些本质属性对于男女两性来说都是带有普遍性的限定。

显而易见，对于"本质论"和"性别本质论"的这种理解并不吻合女性主义试图通过性别角色变化来追求性别平等和性别正义的政治目标。因而，自20世纪后半叶起，许多女性主义哲学家就一直公开反对"本质论"和"性别本质论"。例如美国女性主义哲学家马乔里·米勒对此提出四点批评：第一，本质的本性推定一种无法维持的普遍性；第二，本质的本性是无时间性的，与变化不相容的；第三，本质的本性是极为局限的——它预见界定了一个人可能是什么，能够做什么；第四，本质主义设定了某种目的论——事物注定是什么。而且，这种反对意见似乎在女性主义哲学中获得多数人的赞同。然而，在女性主义哲学近十余年来的发展中，这种局面已经发生了变化，一些女性主义学者开始更多地、更为深入地研究女性主义哲学之"道"，研究女性主义"形而上"和"形而上学"问题，试图以一种新的哲学思维方式理解和界定"性别本质论"，例如对于性别本质问题，也完全可以采取一种超越生物本质论的"社会本质论"

理解。

在牛津，我读到一本新书，即2011年由牛津大学出版社出版的美国女性主义哲学家夏洛特·维特（Charlotte Witt）的著作《性别形而上学》。在这本书中，维特批评和分析了以往女性主义哲学家对于性别本质论和反本质论的理解和争论，并借助亚里士多德的"统一本质论"和马克思主义对于人的本质的理解提出一种"性别统一本质论"。在维特看来，无论是讨论人的个体本质还是性别本质，其争论的实质问题只能来自我们日常生活的现实，而在人们日常的生活现实中，个体的性别具有一种能把所有个体的社会角色统一起来的规范原则，甚至社会角色本身便是与人们社会地位相关联的规范。"我们的性别为我们作为社会个体的生活提供了一个规范性的统一原则，因此对于我们来说，我们的性别便是统一的本质。"记得自己曾反复思考维特关于"性别形而上学"理论的意义，并得出一些简单的结论：其一是她把女性主义哲学带到更为"坚硬的"哲学核心地带——形而上学领域，而不再满意于其边缘的和非主流的学科地位，不仅试图以女性主义哲学思维对形而上学研究做出贡献，也以形而上学思维方式建构和支持女性主义的哲学理论，以及女性主义运动的政治目标。其二是她试图澄清或摆脱令女性主义哲学陷入理论困境的被动局面，另辟蹊径地回答关乎这一理论的根基问题，例如倘若再有人以女性的"关怀"角色向女性主义关怀伦理学发难，女性主义哲学家便可以利用维特的理论强调"关怀"是基于历史和社会关系形成的女性的统一本质。其三是她强调是由社会和历史意义决定了"性别本质"，因而要改变女性被压迫的历史和现实局面，就需要变革现有的政治和社会结构，以及由此规定的社会角色和性别规范。

总之，维特的研究让我加深对于女性主义哲学之"道""形而上"和"形而上学"研究意义的认识，意识到在如今的时代，道器互补、体用互惠应不失为一种女性主义哲学在边缘与主流哲学世界游走或定居的生存之道。

女哲学家正在关注什么？

国际女哲学家学会（The International Association of Women Philosophers，IAPh）成立于 1976 年，是国际哲学团体联合会（International Federation of Philosophic Societies，FISP）的成员。后者是世界哲学最高级别的非政府组织，成立于 1948 年，旨在促进各国哲学家之间的专业交流和发展，基于平等和尊重原则加强各国哲学学会、机构和期刊之间的联系，收集对哲学发展有益的信息，并与联合国教科文组织（UNESCO）相关。国际女哲学家学会是一个相对独立的全球妇女哲学家学术联盟，目前大约有 500 多名会员，遍布世界 30 余个国家，旨在国际范围内促进女哲学家之间在哲学的各个方面进行学术交流、讨论、互动与合作。每两年组织一次国际女哲学家研讨会，2016 年 7 月 8—12 日在澳大利亚墨尔本的莫纳什大学举行"国际女哲学家学会第 16 届研讨会"，主题是"女性与哲学：历史、价值与知识"，百余名各国学者参加会议，有70余人发言呈现自己新近的研究成果，会议根据"历史、价值与知识"三大主题分组进行。

一、历史主题：妇女、女性主义与哲学史

历史主题主要讨论女性对于哲学史的贡献，以及女性和女性主义哲学家对于哲学史的新诠释。加拿大约克大学的琼·吉布森（Joan Gibson）讨论了哲学史中的女性问题。她看到在哲学的历史文献中，女性始终是缺席的，即使出现过，似乎也只能作为叙事中的人物出现。她建议人们应当选择不同的方式来讲述哲学的故事，在"主人的叙事"之外为女性开拓更大的空间。吉布森也有针对性地提出三条路径：其一，要深入到历史中探讨被当代社会视为应当进行哲学探索的问题，例如家庭结构、伦理学与性、境遇美德、理性与教育，以及对男性规范的批评等等。其二，要进行多元性的哲学探讨。吉布森建议在梳理哲学史时，应当把当代社会的一些哲学形式包括进来，例如对话、书信和哲学诗集等，以便让女性在这部历史中占据更重要的地位。其三，要追问一个问题：是否哲学史只能根据专业哲学方式来讲述？而这种方式显然没有为哲学的包容性提供更大的空间，因而人们必须要思考由谁来研究哲学，为什么研究，在什么背景下研究，以及如何使用哲学等问题。

澳大利亚昆士兰大学的凯利·贝克（Kelly Beck）则试图探讨发现女性主义哲学史的可能性问题，她认为如果从当代视角思考女性主义哲学史，波伏瓦的《第二性》应当成为基础性文献，因为正是通过这部著作，不同视角的女性主义哲学才得以发展起来。然而，如果要从《第二性》视角思考女性主义哲学史，就必须面对这样一个问题：波伏瓦是继承了已有的女性主义哲学传统呢，还是她把女性安置在哲学中？如果她继承先前存在于父权制哲学之外的女性主义哲学传统，人们便可以把《第二性》视为对女性主义哲学史的发展和延续。显然，波伏瓦使用大量文献来支持和建构自己对于女性生活体验的论证，包括从乔治·艾略特、弗吉尼亚·伍尔夫和西多妮·柯莱特那里借鉴的很多东西。贝克也试图发现一种新的可能性——即通过波伏瓦在《第二性》中使用的资源来建构一部哲学中的妇女史（a history of women in philosophy）。

另一些到会学者分别从不同角度讨论哲学史中的女性、女性主义哲学史，以及哲学史的女性主义解读等问题。例如莫纳什大学的凯伦·格林教授提出重新思考波伏瓦的黑格尔主义问题，新加坡国立大学的桑德拉·菲尔德则介绍了自己对于贵族制与斯宾诺莎逻辑问题的研究，德国帕德博恩大学的鲁斯·哈根格鲁伯（Ruth Hagengruber）教授也与到会者分享了自己在女性哲学史研究方面的研究成果。

二、价值主题：基于伦理学的讨论

价值主题的讨论主要围绕着伦理学进行。香港浸会大学的查梅茵·卡瓦略（Charmaine Carvalho）分析了关怀伦理学在公共和私人领域应用的问题。她认为尽管关怀伦理学对基于理性计算的个人主义提出批评，但它自身也忽略正义以及正义的普遍化问题，因而在后殖民主义背景下，关怀伦理的话语与后殖民主义逻辑有某些相似性。她通过反映印度社会的一部小说 *Battle for Bittora* 来阐释自己的观点，认为这部小说不仅提醒人们殖民关怀的话语在印度社会的政治生活中是普遍存在的，并且凸显出关怀伦理与公正伦理话语之间的紧张关系。她最后得出结论说，人们的选择不应当是非此即彼的，应当把这两种理论结合起来形成一种更为充分的道德立场。

来自希腊雅典大学的杰里亚·格兰茨（Evangelia Glantzi）关注到自主性与自我之间的关系问题，她认为女哲学家戴安娜·蒂金斯·迈尔斯（Diana Tietjens Meyers）在自主性问题的探讨上做出了重要贡献。迈尔斯强调，满足自主性的程序化条件并不意味着体现出一个真正的自我，因为自我始终是社会化的，并不是个体自由意志的特殊呈现。真正的自我需要 种协调能力，这一能力使自我发现、自我认定以及自我定向成为可能。

纽约大学的桑娜·卡胡（Sanna Karhu）则从生命伦理学角度研究巴特勒的动物伦理观。她发现在巴特勒近年来出版的著述中，非常关注对于暴力问题的讨论，并提出一个重要的问题——在全球冲突背景下，"谁的生命有足够的价值值得保护免受暴力和痛苦威胁？"巴特勒一直坚持这样的观点：尽管所有有生命的身体都面临着各种伤害和暴力的威胁，人们对于一些生物群体的痛苦作出伦理和政治反应的能力却受制于把"能够"生存生命和"不能够"生存生命（"livable" and "unlivable" lives）区分开来社会规范。卡胡认为，尽管巴特勒并没有展开自己对于什么是"能够生存性"问题的思考，但她的"能够生存生命"概念可以为从伦理视角讨论动物权利问题提供重要的途径。

三、知识主题：知识论研究

知识主题的讨论主要围绕着知识论和女性主义知识论进行。与会者不仅关注到认识论、女性主义立场论、女性主义形而上学等问题，也分区域开设论坛。美国加州大学的乔治娅·沃恩克（Georgia Warnke）以种族和性别为例，分析"中心"和"非中心"身份问题。2015 年，美国男子十项全能奥运冠军布鲁斯·詹纳变性后改名为凯瑟琳·詹纳，美国人权运动者瑞秋·多尔赞也被披露是一名白人女性，尽管她一直以黑人女性自居。沃恩克发现，美国社会对于这两个人行为的反应迥然不同。对詹纳一片赞扬声，而对多尔赞却一片谴责声，指责后者是一个种族主义的说谎者。沃恩克分析了这两个案例，提出身份究竟是社会建构还是生物学呈现的问题。显而易见，如果身份是由社会建构的，那么人们的种族或人种身份便由不得自己来决定。而另一方面，尽管与种族或人种身份相比，性别身份要在生物学方面付出更大代价，但它对于"我们和其他人能够成为谁"而言似乎也并未更为偏离中心，所以沃恩克强调人们在警惕种族或人种歧视的同时，还应当努力建构一种平等的"非中心"身份。

阿拉巴马大学的德博拉·海克斯（Deborah Heikes）则试图分析理性如何能够成为一种认识美德的问题，她强调理性不应当专属是男性和白人。如果女性主义事业要取得成功，就必须关注在父权制哲学中，理性本身所具有的排斥性和压迫性。女性主义者应当呼唤一种理性的美德，追求理性的多元性和包容性，并捍卫一种主张——任何排斥性的实践都是错误的。

其他学者也从不同角度展现关于女性主义知识论研究的成果，例如美国诺克学院的沙伦·卡拉斯诺讨论了当代女性主义立场论内部存在的紧张关系，并对如何整合和扩充这一理论提出建议。冰岛大学的一位学者也对厌女症（misogyny）提出批评，分析它所具有的非人性化问题。

"社会性别"翻译与困惑

2018年8月13日，美国著名女性主义哲学家朱迪斯·巴特勒在第24届哲学大会上以"翻译中的社会性别/超越单语主义"为题做了主题演讲。可以说，自1990年出版《性别麻烦：女性主义和身份的颠覆》一书以来，巴特勒便一直在引领西方女性主义哲学的发展，她对于性别化身体"祛自然化"的解释，对于异性恋模式的批评，对于性别表演理论的构建，以及近些年来对于政治哲学的探索，都在哲学和性别研究领域产生重要的影响。在我与她的交谈中，她曾爽朗地说："人们都以为我仅仅研究性别，追求那种随心所欲的性别自由，实际上这只是我的一个小目标，我真正想做的是通过探索性别问题，追求一个理想的人人宜居的社会。"

在这次演讲中，巴特勒主要讲了关于社会性别（Gender）在不同文化中的翻译问题。她观察到，女性主义哲学创始人、法国哲学家西蒙娜·德·波伏瓦未曾使用过"社会性别"概念，因为它在法语中也是一个外来词，不仅如此，"它在许多语言中都是一个外来词"，由此"便会遭遇到抵抗"。波伏瓦主张"女人不是生就的，而是造就的"。这一名言为女性主义理论区分性别（Sex）和社会性别奠定基础，它让人看到即便性别是一个自然范畴，也必须通过文化和社会得以阐释，并不存在一种"自然目的论"指导女性发展成为一个生物学意义上的女人。

巴特勒的这些理解让我们不难得出结论：当一个男性被视为"娘炮"，一个女性被说成"女汉子"时，并不意味着他们失去生物学意义上的"自然本质"与"性别本然"，而意味着一种文化上的性别符号，不论人们怎样强调后者的"自然性""真理性""客观实在性"等等，都是如此。基于这番认识，那些终日奔波于事业的女性根本无需在意自己是否被议论缺少"女人味儿"，因为这些议论多半来自人们的性别刻板印象。"一个社会意义上的男性可以来自一个生物学意义的女性，一个社会意义上的女性可以出自一个生物学意义的男性，因而社会性别仅仅是一种选择。"

巴特勒的这一解释似乎还能打消人们的一种疑虑，根据社会性别理论，"生母"并不等于"慈母"，但还是有人不免要追问："生母的事实在慈母的社会意义中究竟占有多大成分？""女性难道不比男性更具有母性吗？"对于这些问题，巴特勒式的回答是：我们并未否认女性作为生母的生物学事实，然而一旦需要解释母亲应当如何时，便进入到社会和哲学概念层面，是否能成为"慈母"，以及相应的比例取决于这位生母的"境遇"，同样，男性在特有的境遇中也会成为"慈母"，因为这些都不取决于谁是孩子的生物学母亲。我们之所以有这些疑虑，是因为总是把女性生育的"自然事实"与由社会和文化界定的"自然事实"概念混为一谈，而后者在巴特勒看来是"由它们置于其中的境遇组织起来的"。

巴特勒还分析说，如今的波伏瓦继承者对于性别大体上持有三种看法：其一，认为生物学性别对于社会性别塑造并无直接因果关系，后者是一种生成形式。其二，相信性别本身是一个自然事实，但需要质疑建构和描述这些事实的科学，因为它们通常是有偏见的。例如，一些关于女性弱势社会地位和不平等的假设都是建立在"科学"假设基础上的。其三，主张性别是一种"境遇"，意味着它是在一系列社会历史过程和权力形式中逐渐形成的一种指派（designation），尽管女性不是由生物学决定的，但也不是完全自由的，始终需要在自身的境遇中挣扎，寻求从社会和文化内部作出改变，并在这一过程中追求更大程度的自由和平等。每个女性都必须承担这种改变的责任。

波伏瓦理论让人意识到，在性别与社会性别之间存在着一条不容易填充的鸿沟——如果人们认为性别是理所当然的，那么就会把对于性别特有的版本（a specific version）视为理所当然的，而这种理解却是基于"我们所讲的语言，或者在一系列确定的社会和科学预设之内"。在巴特勒看来，虽然性别概念通过语言被普遍地建立起来，但它实际上却需要一种特有的语言指派形式（a form of linguistic designation）。

针对巴特勒这次演讲的题目，人们也许还有其他疑问："难道人们对于性别的理解会有差异吗？""我们的理解与遥远的古人、与不同文化中的人们有什么不同吗？""如果这样，谁应当是性别的最终定义者？"巴特勒似乎窥视到了我们的内心，她以一如既往的直率方式回答说："没有任何语言有权力或者权威给予性别确定性的命名。性别总被一种语言占据着，尤其是那种具有'科学权威性'的语言。我不想为语言相对论辩护，相反我只想知道当我们在多种语言背景下理解社会性别时，将会发生什么。"换句话说，巴特勒试图探索当社会性别概念被翻译成不同语言时，由于语言指派、权力结构、文化，以及科学解释方面的差异，人们究竟对它作何理解？这些理解对于女性地位发展条件的影响和限制是什么？

巴特勒也敏感地发现，"社会性别"概念无论被翻译成哪种语言都会遇到困难。这是由于：第一，性别并不能与把它作为一个事实来塑造的语言构成分开，而就性别作为一种语言构成来说，性别事实上与社会性别并无二致。第二，社会性别是一个外来词，总给翻译者造成困难，它抵达到任何语言中都是这种翻译困难的产物，并在各种语言中从未有过相同的含义。20世纪50年代，这个词在英语中被创造出来，但即便对于英语国家来说，它也是一个外来语，而且一进入语言中便会带来麻烦，这种麻烦对于这个概念本身和女性意味着什么呢？

巴特勒认为，要回答这一问题，必须思考下面一些问题："当社会性别进入到一种语言，例如英语或者其他语言中时失去和获得了什么？""作为一种外来语，它带来什么样的困扰？""为什么在关于社会性别的争论中，我们通常意识不到自己的单语主义预设？"因此，"翻译才是使社会性别有可能成为一个有用分析范畴的条件"。然而，无论我们怎样翻译，都存在着概念的不对等性和不可翻译性，这些属性会导致一些社会和文化抵抗社会性别概念，例如法国总统萨科齐在被宣布成为总统候选人时便提到自己有四件头等大事，其中之一就是反对"社会性别"。而且就在本次世界哲学大会召开的前几日，他伙同教皇与法国教育部长发生过一次争吵，要求法国学校不能讲授"社会性别理论"，因为它是"邪恶的意识形态"，不仅可能破坏法兰西民族的团结和家庭，也对自然法和文化造成威胁。在他们眼里，社会性别就等同于同性恋、女性、女权、平等、女性主义、变性人、双性人、爱、社团、伙伴关系、婚姻、生育自由，以及流产权利等等。无独有偶，其他一些国家，例如巴西、波兰、匈牙利、希腊等国家也纷纷效仿法国掀起反对"社会性别"之势。

面对这一局面，巴特勒不断提醒女性主义学者注意到不同文化对于"社会性别"概念的翻译和理解，不要把它预设为"单语主义"的，而要意识到这一概念的不对等性和不可翻译性，从而做好充分准备去应对不同的挑战。

"跨国女性主义"

"跨国女性主义"（transnational feminism）是自20世纪90年代以来在性别研究中出现并被不断应用的新概念。女性主义学者纷纷从不同学科，如政治科学、社会学、媒体和电影等角度阐释这一概念，逐步勾勒出它的大致内容和轮廓。

当代著名学者、美国罗格斯大学政治科学和性别研究教授、《符号：文化与社会中的妇女》杂志主编玛丽·霍克斯沃思（Mary Hawkesworth）试图从政治科学角度阐释"跨国女性主义"概念。她在2006年出版的《全球化与女性主义行动主义》一书中指出，19世纪中叶以来，北方的"传教士自由主义女性主义"（missionary liberal feminism）通过排除与种族、公民身份、阶级、教育，以及男性在国际舞台对宗教的主宰形成，然而这种女性主义视角却忽视了南方女性对于帝国主义、殖民主义和发展的关注。时至今日，尽管它依旧影响世界，但跨国女性主义也已经成功地使这种北方女性主义模式复杂化了，例如以往人们仅从"文化传统"角度思考针对女性的暴力问题——女性的切割礼、殉夫，以及卷入色情业等等，但跨国女性主义则强调，应当从殖民主义和新殖民主义遗产角度分析这些问题，探讨对于"他者"的知识建构、政治经济上的不平等、跨文化的等级制，以及女性自身的能动性等问题。不仅如此，跨国女性主义也拓展了女性主义的思考和行动范围，不仅要放眼世界，关注全球不平等和帝国主义问题，也关注到当代美国监狱产业的复杂性、向毒品宣战、反思和批评"9·11"以来的军事行动等问题。

另一位女性主义学者、美国佛罗里达国际大学的维夏利·帕蒂尔（Vrushali Patil）则从社会学角度讨论"跨国女性主义"概念及其应用等问题。2011 年，她在《社会学指南》杂志上发表《社会学中的跨国女性主义：表达、日程和争论》一文，强调尽管在当代社会学研究中，"跨国女性主义"概念已经得到广泛的应用，但大多数使用者却没有意识到这一概念的多样性和复杂性，也正因为如此，人们在讨论和对话中不免产生许多误解和困惑。那么，什么是跨国女性主义？它与全球女性主义或者国际女性主义有何不同？它与性别、社会性别、女性主义的社会学研究有何关联？

帕蒂尔解释说，跨国女性主义起源于 20 世纪 90 年代早期，后来在对于不同阶层女性、第三世界女性主义、后殖民主义女性主义，以及去殖民主义女性主义的研究中逐渐成形。其主要内容在于研究种族、性别与劳动、地理和地域政治学、帝国主义和殖民主义的历史与遗产、新自由主义、国家和由国家建设的各种关乎性别和社会性别等复杂身份的项目，以及跨国女性主义写作等问题。帕蒂尔看到，恩杰拉尔·格雷瓦尔（Inderal Grewal）和卡伦·卡普兰（Caren Kaplan）1994年编辑出版的《分散的霸权：后现代与跨国女性主义实践》，以及 M. 雅基·亚历山大（M. Jacqui Alexander）和钱德拉·T.莫汉蒂（Chandra T.Mohanty）1997年编辑出版的《女性主义系谱学：殖民主义遗产和民主的未来》两本著作都试图解释"跨国女性主义"概念，把它视为一种与流行的全球化或者国际女性主义不同的视角，因为后两者提出一种来自北方女性主义的单一的和独立的性别压迫概念，而这种认为存在一种跨文化的、本质论的和独立的父权制，相信为了反对这一体制会形成"普遍的姐妹联盟"的想法是不切实际的，因为种族中心论和全球资本化趋向正在把女性置于迥然不同的地位，安顿在不同的等级制和权力关系中，因而女性的体验、利益和视角都是不同的。

此外，跨国女性主义也坚持一种批判地理学，对于那种把诸如国家、本土和全球一类的空间概念视为自然的和本质的观念提出质疑，认为把国家等概念先验地假设成必要的、恰当的和有用的分析单位是成问题的。这些学者也对"本土化"与"全球化"的二元区分提出挑战，认为并不存在与"纯粹的"全球化分离开来的"纯粹的"本土化，所以人们应当摆脱"本土与全球"的定位政治学，跨越这两者的区分思考问题，把殖民主义的历史、新殖民主义、全球资本化和新自由主义作为重要的研究课题。

帕蒂尔也介绍了乔蒂·普里（Jyoti Purity）等人对于跨国女性主义社会学与传统的妇女研究/性别研究之间的四点不同：其一，它试图建构一座物质和话语之间的桥梁，以便审查如何通过文化呈现和话语来协调和再生产政治、经济和社会关系。其二，它强调社会结构和国家机制。其三，它从对国家或文化，抑或对特定范围的分析转变为对于这些维度之间关联和过程的分析。其四，它关注经验或者超越纯粹话语或文本的研究。

2016年6月7日，清华大学举办了"世界地图与世界文化：清华—布朗学术论坛"，其主题为"跨国性别与媒体"。在这一论坛上，来自美国布朗大学的王林珍教授"以跨国女性主义与女性主义电影话语的重新绘制"为题，讨论跨国女性主义及其电影研究问题。她指出，在20世纪70—80年代，结构主义和后结构主义思维在女性主义电影理论中占据主要地位。结构主义、符号学和精神分析学有助于女性主义学者打破先前把电影视为现实主义文本的经验和社会学研究，进而批评男性中心主义如何把女性呈现为不可见的、非男性的人，呈现为男性欲望和凝视的对象。

20 世纪 90 年代早期，交叉理论（intersectionality）、第三世界女性主义、后现代主义、殖民主义研究等批评话语和行为汇合在一起，在美国形成跨国女性主义，这一概念也对自身的理论渊源持一种反思和修正态度，并致力于批评现代性、资本主义、不同形式的父权制，以及西方帝国主义。而跨国女性主义女性电影研究要求重新绘制历史上的地理政治关系，批判性地审视不同的政治经济制度，并对现有的女性主义和电影理论进行实质性的修正，以便通过多样性的全球及本土力量把各个领域中的女性建构为历史性的主体。

总起来看，跨国女性主义是 20 世纪 90 年代伴随女性主义理论思维的发展和裂变产生的一种更具有精准目标的新概念或批评理论，它试图批评那种认为世界上仅有一种统一的、铁板一块的父权制，全球女性都有一种相同而普遍的被压迫体验的观点，致力于打破本土化和全球化的二元区分，要求人们意识到在殖民主义和后殖民主义世界里，西方帝国主义在知识和身份生产中仍具有重要的作用。因而，女性主义批评也必须在发展中警惕和避免把女性体验普遍化、把西方女性主义理论和实践作为统一的、唯一的理论模板和实践方案的尝试。同时，作为一种新思维，"跨国女性主义"概念中的关键部分在于"跨国"，这也要求人们意识到"国家"是一种先验的假设，国家、本土和全球一类的词语都是被人为建构起来的空间概念，而不是具有自然化意义的本质论界定。简言之，如果说以往的女性主义运动是一个跨越阶级与种族界线的社会运动，那么跨国女性主义则是一种跨越国界的全球性的女性主义思维和政治实践。

认识的正义

伴随女性主义哲学研究不断深入，女性主义已经在主流哲学领域取得丰硕的研究成果，不仅从政治哲学和伦理学角度关注社会现实与性别平等、性别正义问题的研究，也从人类知识和证明角度研究正义问题，在近十余年的女性主义认识论发展中，女性主义学者开始关注对于"认识正义"问题的研究。

一般说来，认识论是对知识概念，包括证据、证明、理由和客观性的研究。然而，在人类认识论思想史上，"女性从未被赋予权威发言权来陈述自己或其他人的社会处境，也不能说明应当如何改变这些处境。那些从各种提问中产生的一般性社会知识，从来都与女性对生存的看法无关"。这不仅导致女性长期以来缺少概念资源描述自己的体验，也导致当代社会科学家和生物学家把女性和性别议题纳入既有知识结构的困难，而且这也从另一方面表明：那些具有"客观合理性"的传统认识论框架已无法满足"女性"和"女性主义"知识概念，所以女性主义认识论便应运而生。作为女性主义哲学中最为基础的部分，女性主义认识论需要根除墨守成规的习惯，把女性展示为理性的认识者。在女性主义认识论看来，尽管概念和判断本身涉及对事实因素的观察和总结，但价值因素实际上参与了人类通过概念体系所进行的一切智力活动，并始终在人的认识过程中发挥作用。2007年，英国女性主义哲学家米兰达·弗里克（Miranda Fricker）在牛津大学出版社出版的《认识不正义：认识的权力与伦理学》一书是女性主义认识论对于"认识正义"问题研究的重要著作。

在这本著作中，弗里克分析了两种认识不正义现象——"证明不正义"和"解释不正义"。前者表现在听者不相信讲者所说的话，例如警察不相信黑人所说的话。后者体现在以群体性的解释资源把某人置于一种不公平的劣势地位，以便满足这一群体的社会体验，例如一个女性遭受了性骚扰，但在她所处的文化中却没有"性骚扰"的概念。弗里克认为，证明不正义是由信任方面的偏见导致的，而解释不正义是由群体解释方面的结构性偏见造成的。

弗里克从讨论社会权力概念开始探讨"认识正义"问题，认为社会权力实际上是在特有情境下控制他人行为的能力，在权力发挥作用时，"我们应当准备追问谁或什么在控制谁和为什么"。她提出"身份权力"的概念，认为有一种社会权力不仅需要用社会实践来协调，也需要以想象力来协调，这种权力需要行为者具有共同的社会身份概念，例如性别实际上是身份权力的竞技场，人们对性别权力的使用取决于一种想象力，男女双方都群体性地分享关于性别的刻板印象。这种身份权力同其他社会权力一样既属于个体行为者，也属于制度结构。从认识论上说，这种身份权力可能影响到听者与讲者之间的交流，因为听者需要以社会刻板印象去评价对话的可信度，这样做可能会带来有利于或不利于对方的理解，而这最终取决于这种刻板印象是什么。显然，"如果这种刻板印象中包含反对讲者的偏见，就会出现两种情形：存在一种认识上的交流障碍，听者做出过分贬低讲者可信度的判断，并很可能错过影响结果的信息；听者做了某种伦理上不正当的行为，不正当地削弱了讲者作为认识者的能力"。这就是弗里克所说的"证明不正义"。那么，是什么因素导致听者作出削弱讲者可信度的判断呢？弗里克认为是偏见导致的，证明不正义必然包括偏见，其中最为重要的是身份偏见，这种偏见形成并维持了一种与证据相抵触的态度，而这种抵触是由主体在这个问题上所具有的动机造成的。显然，证明不正义是有害的，"当人们遭遇认识不正义时，他们作为认识者被降级，他们作为人也相应地被贬低。在所有认识不正义情况下，人们面对的不仅仅是认识上的错误，而且是将错就错地被对待”。

在分析“解释不正义”问题时，弗里克首先借鉴了马克思主义女性主义哲学家南希·哈索克的一个观点，即认为被支配者生活在一个由其他人为了自身目的构造的世界里，这些目的至少不属于被支配者，并在某种程度上对于他们的发展，甚至存在是不利的。弗里克分析说，哈索克在这里所讲的“构造”有三重含义：从物质上看，意味着社会制度和实践有利于权势者；从本体论上说，意味着权势者构造了这个社会；从认识论上说，意味着权势者在构造群体性的社会理解方面不公平地占有优势地位，而这些因素都会导致解释不正义，社会中的弱势群体也会由于这些解释而被边缘化，弗里克称之为“结构性身份偏见”，认为这种偏见不仅导致群体性的解释空白，也会带来结构性的歧视。她以形式平等（formal equality）为例说明这一问题，指出形式平等其实包含着“境遇不平等”，如果一个国家医保体制中不包括免费的牙医服务，那么这个看似平等的政策实际上却是不平等的，因为这直接导致贫困人口看不起牙病，而对富人来说却不存在这一问题。因而，当权势者群体性地对弱势者解释贫乏时，就会导致事实上的歧视，弗里克称它为“境遇解释的不平等”。如果说证明不正义的主要伤害在于由于听者一方的“身份偏见”排除了知识，而解释不正义的主要伤害则由于群体性解释资源的“结构性身份偏见”排除了知识。第一个排除关系到讲者，第二个偏见关乎他们试图要说的，以及／或者他们如何在说。两种认识不正义错误包含一个共同的认识论特点，即偏见阻碍了人们参与知识的传播。

弗里克还对摆脱这种"认识不正义"的出路进行探讨，例如强调认识者要培养自己的认识美德，以便使自己的认识和解释更具有包容性，以及有权势的认识者应当通过与边缘认识者建立一种真正的合作关系，把握和使用自己所缺少的认识资源，因为一个人所具有的认识资源越不正义，在解释我们共同居住的整体世界时就越不准确，越缺乏说服力。可以说，女性主义对于"认识正义"问题的研究不仅具有重要的理论意义，而且对于知识和社会资源的公平分享，以及不同文化背景下社会政策的制定和完善也具有发人深省的实践影响。

易受伤害性概念

易受伤害性（vulnerability）是人们在进行性别研究过程中经常遇到的一个词语。例如，在描述家庭暴力时，人们会强调女性和儿童是易受伤害的群体；在解释性别不平等社会中的女性地位时，也会认为女性的利益容易受到侵害。那么，什么是易受伤害性？如何从哲学和伦理学学科解释这一概念？

2013 年，牛津大学出版社出版了卡崔娜·麦肯锡（Catriona Mackenzie）、温迪·罗杰斯（Wendy Rogers）和苏珊·多兹（Susan Dodds）的著作《易受伤害性：伦理学和女性主义哲学新论文》，对于易受伤害性的概念和理论进行了探讨。

这一概念叫以从两个层面进行界定：从本体论层面，需要着眼于人之生存的脆弱性，易受伤害性一词的拉丁词根是 vulnus（"wound"），说明人们固有一种感受痛苦的能力，容易受到伤害和痛苦的影响，这是人类存在的一个普遍的、不可避免的和永久性的条件。正因为如此，法国哲学家帕斯卡尔才强调："人不过是一根芦苇，在自然界里是最脆弱的。"人作为自然生物，有身体和物质上的需要，要时刻面临身体伤害、疾病和残障，以及死亡的威胁。而且人类群体也需要面对来自自然灾难和技术发展的天灾人祸。人作为社会和情感生物，也有可能在情感和心理上遭遇到各种伤害，例如失去亲人的痛苦、被忽视、受虐待和不被关怀，以及被拒绝和被排斥的痛苦等。

就社会和关系层面而言，人们的权利和利益也经常会受到侵害，例如女性主义理论家罗伯特·古丁认为，人们通常所说的伤害主要是指对一个人的利益所造成的侵害，所以在本质上易受伤害性是关系性的。尽管每一个人的利益都可能受到侵害，成为潜在的被侵害者，但一些人或者群体受到侵害的原因却是由于缺乏自我保护能力。从古丁的这一观点来看，易受伤害者通常是那些缺乏能力、权力和权利保护自己利益的人们。

也正是因为人类是易受伤害的和脆弱的群体，所以才有伦理学和关怀存在的空间，需要发展一种"易受伤害性的伦理理论"，因为尽管人如帕斯卡尔所说是"一根芦苇"，但却是"一根能够思考的芦苇"。那么，如何把易受伤害性与伦理联系在一起？麦肯锡等人主要思考了两个问题：为什么易受伤害性带来道德责任和公正的义务？由谁来承担对于易受伤害性作出反应的主要责任？女性主义关怀伦理学家弗吉尼亚·赫尔德和爱娃·基蒂意识到易受伤害性的规范性意义，以及它对于道德和政治理论的重要性。对她们来说，易受伤害性和人与人之间的相互依赖，以及关怀等概念都是相互联系的，也正是由于有了这种联系，人们才需要相互关怀，形成关怀伦理。

女性主义哲学家朱迪斯·巴特勒也从伦理角度解释人们身体上的易受伤害性，把它视为人类生存的本体条件，我们需要面对他人，需要对他人的行为作出各种反应，从而也需要通过关怀、慷慨和爱来摆脱暴力、虐待和蔑视，这是自我与他人关系中的一个特点。毫无疑问，自我与他人的关系会导致人类生活的某种不稳定性，而这一特性也产生缓解痛苦和对易受伤害性作出补偿的伦理责任。而且，相比于其他人来说，一些个体和群体有可能更多地受到暴力、贫困和疾病的影响，所以巴特勒也试图从这一角度出发思考人权和分配公正问题。

当代伦理学家麦金太尔和坞沙·纳斯鲍姆则更多地关注到人类的动物性，认为就身体而言，人类与动物并无二致，很可能遭受痛苦和受伤，所以社会性是人类生活中的一个具有根本性的普遍特征，人类必须与他人共存。人类的存在和繁荣需要依赖与他人的社会关系，其中也包括关怀关系。

美国法学家坞萨·法因曼则主要考虑如何把易受伤害性

作为一个分析工具来找到思考和解决社会不公正问题的途径。她发现，反歧视法和形式平等概念都无力矫正由于社会排挤，以及社会结构不公正所导致的不平等和不公正问题，因为它们建立在每个成年人都是自主的、独立主体的假设基础上，这是一种政治自由主义的观点。而从易受伤害性视角出发，人们便可以发现在社会生活现实中，人与人之间的境遇是不同的，而且在生命周期中，每个人都需要依靠他人和获得关怀，因而必须通过社会政策补偿处于不利地位者的需求。此外，依据自由主义的观点，每个人都是自由的主体，要对自己的不利地位负责，但从易受伤害性角度来看，人们更需要集中审视社会制度，并努力通过这一制度为易受伤害主体提供更多的机会，把他们置于社会政策的中心地位。

一些生命伦理学家也在"研究伦理学"领域讨论易受伤害性问题，在医学科学发展中，新药和新的治疗方法在投入临床使用之前，都需要有人作为受试者参与实验性研究，研究伦理学是一门主要讨论如何道德地对待研究受试者，保护其利益的伦理学科。依据这一学科，人们可以假设参与研究的受试者是易受伤害的主体，而对于那些在知情同意方面能力不足的群体来说，则需要提供更多的保护，以便把伤害的风险降到最低程度。然而这样做也会导致两个问题：其一是如果易受伤害主体的定义过于宽泛，在实践中便无法对于一些特有的伤害作出反应，因为在面临风险时，这种定义的模糊性使得人们无法识别这些需要。其二是如果把一些群体界定为易受伤害的群体，也会面临另一种风险，例如导致社会歧视和刻板化印象，带来以保护为由的过度家长制问题。可以说，这类问题本身或许也是把易受伤害性概念应用到不同社会实践中会遇到的新的伦理难题。

概括起来看，麦肯锡等人对于易受伤害性概念的讨论可以为当代性别研究做出三点贡献：首先，这一概念可以为性别研究提供重要的观察视角。无论是在自然还是社会意义上，易受伤害性的确是普遍存在的，然而由于性别、年龄、种族、社会经济地位和健康状况的差异，在现实中一些群体更容易受到伤害，例如女性、儿童和老年人通常是暴力的受害者。如果人们不去识别易受伤害的群体，以及他们潜在的和现实的易受伤害状态，就无法避免和降低这些伤害的风险，保护这些群体的身心健康和权利。

其次，这一概念与女性主义关怀伦理学的主旨具有内在一致性，可以为女性主义道德义务和责任主张提供新的理论论证。自由主义政治哲学通常基于契约论和人们之间的互利互惠来说明义务和责任，而没有看到易受伤害性，以及由此产生的人与人之间的依赖和关怀关系才是道德义务和责任的主要来源。古丁曾指出，义务并非来自意志，而是来自关系，大多数责任和反应来自人们之间别无选择的依赖性和相互依赖性。基蒂也在批评契约论时强调，契约论假设每个主体都是自由的、平等的和具有充分理性的，而没有看到有认知损伤的人们，以及精神残障者却不能成为一个合格的理性合作者。因而，一个社会的公正原则必须在包括能够充分合作者的同时，也考虑到不能充分合作的群体，并给予后者更多的关怀。

再次，这一概念也提醒人们在对易受伤害者提供关怀时，要避免家长制和社会歧视。易受伤害通常与缺乏能力相联系，被打上易受伤害者标签的个人和群体很容易受到社会歧视，以及以保护为由的过度的家长制干预。因而，人们在以恰当方式进行保护和关怀的同时，更要积极地促进被关怀和被保护者主体性和自主性的发展。

地理/性别差异的正义生产

　　英国学者戴维·哈维是当代伟大的、著述被引用最多的地理学家。他在全球化背景下重新诠释时间、空间和自然环境，认为地理发展的不平衡是当代地理学科最值得研究的问题，而"地理差异的正义生产"又是全部相关争论的关键。他提出，人们不仅需要批判性地理解生态、文化、经济和社会条件方面的差异是如何产生的，也应当考察和评价这些差异是否是正义的，因为它们是由被社会—生态和政治—经济的过程所构造的。哈维也敏锐地观察到，这一构成过程本身包含着一个悖论，即它也为自身提供了正义的标准。显然，这种既是运动员又是裁判员的做法是不合情理的，所以他想提出一套稳定的概念工具，用以评价这些关系的正义性，并从另一个层面探讨正义是如何被历史和地理建构起来的。

　　令人欣喜的是，哈维的理论与女性主义思维具有很大的关联性，他在自己风靡全球的著作《正义、自然和差异地理学》中多次用赞赏的语气引用、评论和发展当代女性主义学者的一些观点，这不仅让人看到他作为学术大师对于女性主义学术所持的开放态度，也让女性主义学者颇有自信——女性主义思维方式正在为当代世界学术界认可、接受和发展，并且也伴随如同哈维一样的思想先驱者步入到各个领域，共同开拓人类历史的新纪元。

哈维理论的独特性在于其方法论，他称之为"关系辩证法"，试图从一种关系和整体的视角理解社会和生态过程，反对对这些过程进行孤立的因果推论和假设。哈维看到，"我所采取的关系辩证法在女性主义理论中获得了巨大的进展。根据弗里德曼的说法，'关系位置的文化叙事'使女性主义者能够跨越她称之为'拒绝、谴责和忏悔书写'的那种边界，这些'书写'依赖简单的二元论和本质主义范畴。而在关系框架中，'身份随着不断变化的语境而转变，取决于参照点'，所以并不存在着本质和绝对的身份。'身份是各种流动的地点，人们可以根据形式与功能的有利位置来做出不同的理解'，我坚决支持这种思维方式"。从这段话中，人们可以得知哈维十分赞同女性主义强调的"关系"视角，并把它理解为一种根据历史和时代变化，由于身份和位置不同而改变的辩证法，这种看法打破了父权制思维二元论和本质论的羁绊，把身份和写作方式都视为流动的、变化的、不固定的、非线性的和相对的，从而身份在这里也获得一种新的阐释，成为各种流动的地点。

对于哈维来说，辩证法是一个过程，在这其中，身与心、思与行、物质与意识，以及理论与实践的笛卡尔式分离都不复存在。变化既是事物本质的部分，也是所有系统的特点，这是哈维辩证法理论最重要的观点。据此，人们并不需要研究事物是否会发生变化，而应当研究它们何时和如何发生变化，以及变成了什么东西。正如马克思主义辩证思维的主题是探究各种潜能、变化、自我实现、建构新的集体认同和社会秩序，以及新的社会生态系统一样，哈维也认为探讨"可能世界"是辩证思维的有机组成部分，而且事物本身的差异和内在矛盾是其运动变化的根据。古希腊哲学家赫拉克利特强调，不和谐是全部事物生成的法则，而"最好的和谐诞生于差异"，所以哈维强并不试图去消除性别之间、人与人之间的差异，而是要用正义的方法减少或消除这些差异带来的"摩擦"，在相互尊重中创造和谐。这也让人联想到一个观点："和平并不是由于没有冲突，而是因为有正义的存在。"无疑地，正义是一条解决性别之间、人与人之间，乃至国际社会之间冲突的根本路径。

由于哈维的理论关注关系、过程、差异和变化，人们也很容易把他归结为解构主义者和后现代主义者。然而，哈维却反对德里达式的"无形态""无称号""无国家"和"无民族"新国际共同体的主张，认为它是一种后结构主义幻想。

比德里达等人更为现实的是，哈维试图"在人类行动得以展开的具体历史和地理条件中为政治寻求一种更加坚固的基础"。著名马克思主义学者、美国纽约大学政治学教授伯特尔·奥尔曼也曾提出一种类似的"内在关系"辩证法理论。他认为辩证法通过取代"物"的常识观念，重建了我们关于现实的思考，过程概念意指某物包含自身的历史和未来的可能性，而关系概念则意味着作为事物自身的组成部分与他物之间的关联。因而，哈维、女性主义和奥尔曼等人都是想基于对现实的反思和批评来发现变化的可能性，从而获得思维方式、人际关系、性别关系、社会权力关系、社会—生态关系和国际政治关系的改变，其改变的路径便是正义。

显然，正义已经成为哈维解决各种冲突的关键，那么什么是正义？这的确是一个历史和理论的难题。在哈维看来，如同空间、时间和自然一样，"'正义'是一种社会建构，它由一系列表达社会关系的信念、话语和制度构成，并且关乎在特定的时间和地域内对社会物质实践进行协调和规范的权力冲突"。哈维也意识到，如果这样界定正义，人们或许会提出一个问题：这是否就意味着无法有一个普遍的正义概念呢？在回答这个问题时，哈维提出一个颇为新颖、有见地的思想——正义是异质性的。然而，这是否又意味着会始终存在关于正义的普遍性和特殊性之争呢？现实中也的确可以看到两部分人存在，一些学者反对正义的普遍性，坚持解构主义；另一些人则强调情境、地域、阶级、种族和性别差异，强调正义的特殊性。因而，如何协调和缓和这种关于正义的两极冲突又成为摆在哈维面前的新难题，在这关键的时刻，他再次借鉴和求助女性主义。当代女性主义政治哲学家艾里斯·杨认为，正义并不需要消除差异，而是要通过制度建构没有压迫地促进差异的再生产。杨还揭示了压迫的五副面孔，即剥削、边缘化、没有权力、文化帝国主义和暴力。哈维认为，杨的这种多维度正义观是有益的，但他也指出杨避开了不同维度的不正义如何在特定时间和地域内相互交叉的问题。

对于正义的两极之争，哈维本人也提出一些解决问题的办法：首先，不能回避正义的普遍性，但这种普遍性必须通过与正义的特殊性的辩证关系来理解。其次，必须尊重他者，对于他者的判定始终需要与正义的普遍条件紧密联系，而这些条件的要点便是避免一些群体把自己的意愿压迫性地强加到他者身上。还有，便是人们需要根据情境和位置来评价社会行动，意识到主体的异质性和差异性，以及这些特性是由社会建构的。最后，人们还应当注意身份建构的社会过程与身份政治之间的联系和区别，意识到对于被压迫者的尊重并不意味着肯定产生被压迫者的社会过程，而是要以正义的力量消除产生压迫关系的社会观念和制度土壤。

贫困由谁来负责？

　　"两会"上的一个热词是"精准扶贫"，"十三五"时期的一项重大任务是实现全面建成小康社会的目标，但目前我国仍有5575万农村贫困人口，如何实现精准扶贫，因贫施策，合理安排公共资源，动员全社会力量齐心协力打赢这场脱贫攻坚战，便自然成为代表们热议的话题。

　　消除贫困也是一个世界性话题。世界银行《2000年—2001年度世界发展报告》指出：贫困不仅意味着低收入，低消费，而且也意味缺少受教育的机会，营养不良，健康状况差。贫困意味着没有发言权和恐惧等。联合国开发计划署《人类发展报告》和《贫困报告》也指出，人类贫困指的是缺少人类发展最基本的机会和选择——长寿、健康、体面的生活、自由、社会地位、自尊和他人的尊重。消除贫困不仅仅是增加收入，改善教育和卫生条件在消除贫困中也拥有重要的意义。然而，无论在发达国家还是发展中国家，如何消除贫困，由谁来承担这一责任都是一个有争议的政治和伦理难题。我国政府表现出的这种勇于承担责任，各级政府立下军令状来减贫和扶贫，乃至消除贫困的决心和行为，不仅为各国政府树立起榜样，也堪称一个世界性的壮举。

贫困也一直是女性主义哲学关注的问题。当代著名女性主义政治哲学家艾里斯·杨的遗作《公正的责任》便集中讨论"贫困的责任"问题。杨敏感地意识到，近几十年来，美国政府机构、媒体和公众在贫困问题的认识方面发生了变化——战争年代，贫困被认为是国家的耻辱，因为是战争导致人们流离失所和无家可归，所以国家要负起全部责任，解决贫困问题。然而，近几十年来，人们的观念却发生变化，不再把贫困的原因归结为社会，相反却理解为是个人的责任。从 20 世纪 80 年代起，一些美国学者便提出一种很快得到认同的观点，即穷人之所以贫困，在很大程度上是由于他们自身偏离社会和自暴自弃的行为，国家福利政策的宗旨一直是为贫困者提供无偿的援助，导致穷人放弃自我改变现状的责任，所以国家应当削减福利，让这些贫困人口对自己的生活负起责任。杨也注意到，无独有偶，一些欧洲发达资本主义国家，以及加拿大、澳大利亚和新西兰等国，在福利政策的认识上也发生过同样的转变。

而在《公正的责任》一书中，杨则试图分析福利政策背景下的个人责任问题，她从美国华盛顿智囊团著名公共政策分析师查尔斯·默里（Charles Murray）和政治经济学教授劳伦斯·米德（Lawrence Mead）的观点入手进行分析。这两位学者根据大量的经验分析强调，社会政策应当集中探讨求助者的特点和行为，并用政策减少不被社会期待的行为。例如默里强调，美国20世纪60年代的福利政策导致了家庭的解体和单身母亲的增多。自由主义的福利政策不仅没能帮助贫困者脱贫和摆脱依赖，反而削弱了他们自我奋斗的伦理价值观。如果要想让公共政策发挥作用，就必须让贫困者对自己的行为负责。默里还强调规范的价值，认为在60年代以前，人们普遍认为一个好公民能够自给自足，而无法做到这一点的人需要寻求帮助和支持。社会应当为所有人提供平等的机会，一旦得到平等机会，社会就自然变得公正了。然而到了60年代，这种道德共识发生变化，人们注意到即便大家都有了平等机会，社会上还会有贫困者，在70年代一些黑人攀上更高的阶梯，但是另一些却在原地踏步，因而"显然是他们自身的特点和行为，而不是社会结构的不公正妨碍了他们"。

米德对默里的看法表示赞同，并强调20世纪30年代实行的自由主义新政意识到社会的经济困难，发现工人阶级没有得到公正对待，也不具有竞争能力，所以新政的宗旨在于改变经济规则以便工人有机会生存，而公民权利的改革也使少数族裔具有同样的机会，所有的经济机会都对有资格的人们开放，不论其种族和社会地位如何。到了60、70年代，政策已经不局限于仅仅为劣势社会地位者提供经济机会，而是试图改变这些人的实际状况，直接以现金收入和补贴的形式提供各种好处和服务，例如提供食物、住房、健康保健以及其他利益、培训和咨询等。这些方案的核心问题是并不要求回报，这就产生一种依赖文化，使得受益者不必遵循社会中约束其他人的准则。这种误导性政策使学术界和政策制定者接受了一种关于贫困的社会学视角，要求政府对贫困人口负起责任，因为贫困来自他们不利的社会地位，从而忽视了贫困人口自身的问题。

尽管这两位学者的观点得到广泛的认同，但杨认为他们的社会理论、规范主张以及假设却值得推敲。杨看到，米德和默里在批评美国20世纪60—70年代社会政策时，实际上有三个假设：其一，个人责任与社会结构原因是二元对立的和相互排斥的。其二，当代人所拥有的行为背景和社会条件都是公正的，贫困者可以通过改变自身的特点和行为脱贫，社会背景并未把不公正叠加给穷人。其三，政策制定者只需要关心穷人如何自身负起责任问题，其他人可以卸掉相关的责任。

显然，杨并不赞同这些假设，她想追问"在不公正的社会里，个体应当如何思考自己的责任"问题。对于第一个假设，杨认为必须意识到社会结构在制造不公正方面的重要角色。不应当把个人责任和社会结构原因对立起来。针对第二个假设，杨认为美国当代的社会背景使穷人很难得到境遇的改善，而追求社会公正和消除贫富差距是解决贫困问题的必由之路。对于第三个假设，杨指出把责任都说成是穷人的问题，实际上是把社会和其他人的问题和责任都转嫁给贫困人口，这种抽象的个人责任话语不仅无助于贫困问题的解决，也会加剧社会的不公正。

此外，20世纪90年代以来，推动美国和其他国家福利改革的关键词是"个人责任"。1995年9月，美国总统克林顿曾表示：真正的福利制度应当反思美国人共同价值观——工作、个人责任和家庭。然而在杨看来，这意味着人们可以脱离社会结构来评价贫困人口的境遇和伦理责任。这种一边倒的福利政策导向没有看到许多贫困问题是历史和社会原因导致的，例如不断加剧的全球竞争、大部分加工业从发达国家转向不发达国家、分配不公正、人们无法平等地获得资源和机会等，所以摆脱贫困需要社会和个人共同承担责任。

杨的这些讨论为我们带来的启示是：贫困看似是一个经济问题，实际上却是一个政治和伦理价值观问题，不同的伦理价值观决定对于贫困原因的不同认知，以及对摆脱贫困路径的不同设计，发展和增长并不意味着能够直接产生减贫和脱贫的结果，而追求社会公正，不断地通过社会体制和政策缩小历史和发展中形成的贫富差距，由社会和个人共同承担"消除贫困"的责任，才能最终实现全面建成小康社会的目标。

总理夫人麦特丽

2016 年 4 月 8 日，斯里兰卡总理夫人、斯里兰卡凯拉尼亚大学教授麦特丽·维克拉马辛哈访问清华大学性别与伦理研究中心，双方就性别研究与教育问题展开了座谈。麦特丽不仅是一位美丽睿智的总理夫人，更是斯里兰卡当代女性主义研究的一面旗帜。她以斯里兰卡为例探索女性主义研究的方法论，完成了题为《阐明意义建构的意义——以斯里兰卡为例的女性主义研究方法探讨》的论文，并于 2007 年以此获得英国伦敦大学教育研究院的博士学位。在谈及自己写作这篇论义的目的时，麦特丽强调在过去的 30 余年里，斯里兰卡的女性研究一直试图围绕多维度的和重叠交叉的女性现实来建构意义，而她希望考察斯里兰卡女性研究者所使用的呈现和建构社会和女性生活的方式和方法，解释她们的研究为社会政治、意识形态和伦理关系带来的变化。这显然是一项艰苦的工作，因为迄今为止"女性主义研究方法论"一直都是一个有争议的论题，所以麦特丽的这一研究实际上是在对研究对象进行不断地思考和建构过程中完成的。

1975 年"联合国国际妇女年"开启了斯里兰卡女性研究的大门。然而，麦特丽却注意到，斯里兰卡的女性研究不仅对"女性主义研究方法论"缺乏关注和批判性思考，甚至也没有针对"女性主义和社会性别"概念展开对话和争论。不仅如此，在世界范围内，学术界普遍认可的研究方法论是实证主义，女性主义研究方法论也是一个边缘性的课题。而且在后结构主义和解构主义对于基础主义的反对声音中，人们也难以确定某种女性主义研究方法论的稳定性和合理性。此外，建构主义也会强调知识和方法论都是通过社会互动形成的，因而是变动不居和不确定的。然而，这些观点并没有阻止麦特丽的研究步伐，相反却让她感觉到对于女性研究越是深入，就越感兴趣于女性主义研究方法论问题。

麦特丽还发现，"研究方法论"问题之所以被忽视，是因为人们容易把它与研究方法混淆起来。而在她看来，女性主义研究方法论实际上是研究者们为了完成女性主义研究目标而提炼或者建构意义的方式，关系到研究者如何在研究中，或者在理论和伦理知识方面，在意义建构方面呈现斯里兰卡社会和女性生活的现实。显然，女性主义研究方法论是一个包罗万象的伞状概念，如何以一种文化为根基来探讨这一问题本身也面临着一个研究方法的挑战。事实上，在当代女性主义学者中，对于方法论与研究方法之间的关系问题大体上有三种观点：一种带有普遍性的观点是把二者合并或者混淆起来；另一些学者，例如哈丁等人却认为方法论与方法以及认识论是分离的；还有一些学者却相信二者虽然有区别，但亦有联系，麦特丽便属于后一个群体。尽管她也认为方法论与方法是不同的，但她"把方法论看成是形成方法、分析框架、理论化、认识论和本体论，以及研究中的伦理和政治考量"。基于这种认识，她把方法、本体论、认识论、理论、政治学和伦理学整合到案例研究之中，从斯里兰卡特有的政治现实着眼进行概括；从存在和行为意义上分析性别认识论，把文献综述方法作为一种认识论方案，并从理论上考察作为一种认识论的方法论和作为一种伦理学和政治学的女性主义。麦特丽说："我的方法论基于知识既是一种发现，又是一个建构过程的原则。我的研究分析来自多种理论基础，并把实证主义与后现代主义方法论结合起来，同时也包括女性主义立场论、后殖民主义及其反省。研究的最终目的不仅是对于概念的整合，也是对于概念的争论。"

对于麦特丽来说，探讨研究方法论需要从事五个方面的工作：意识到生活现实的多样性，并在动态和冲突中把握研究对象、建构研究课题及其知识发展的意义，阐释关于知识的假设和证明，从理论上概括或者解构所研究的问题，以及说明研究过秤或方法与伦理及政治的关联性。具体说来，女性主义研究方法论需要把主体性、本体论、认识论、伦理学和政治学等维度整合起来。

"女性主义的研究方法论包括对于多样性的生活现实变化着的，通常也是冲突着的思考。"主体性意味着女性内在的自我意识、情感想象、身份认同，以及与他人之间的关系。主体性问题之所以重要在于女性主义本身便是一个政治运动，对于女性及其主体的概念化不仅是女性主义研究的概念和理论问题，也是社会和文化如何看待和安置女性的现实。而本体论意指一种相信性别是由社会而非自然构成的信念，是对女性作为群体或者个体生活现实的反映，关系到女性自我意识的分析，也关系到对于女性受压迫的原因，以及社会变迁等问题的探讨。认识论更多地关乎知识的生产和证明，试图提供准则说明如何生产关于社会现实的有效知识，以及如何证明这些知识的合法性。在麦特丽看来，本体论与认识论有着必然的关联，"除了理论建构、政治诉求、方法论、分析范畴或者变量之外，对于性别认识论的证明还要来自对于情境的本体论知觉"。从伦理学和政治学维度来说，研究方法论主要涉及女性的政治代表与政治参与、权力与资源分配、需要的满足以及社会如何为女性赋权等问题。简言之，麦特丽实际上要探讨在斯里兰卡文化背景下，女性研究的核心理论框架、方案、视角和概念等问题。

基于女性研究在斯里兰卡本土化的实践，麦特丽发现如同其他文化一样，在斯里兰卡，人们对于女性主义概念也有许多不同的理解，有从殖民主义、全球化、反民族主义、精英主义出发的消极解释，也有基于马克思主义、社会主义和民主自由理想的积极理解。因而，麦特丽相信，如果要让女性主义在斯里兰卡社会发挥积极作用，就必须从心理上、意识形态和微观/宏观等权力结构方面抵制对于女性的消极影响；通过个体的认同、意识形态及其话语、社会政治及文化政策、社会制度和实践来促进女性社会地位的提高和改变。她对一些西方女性主义学者把伦理学视为父权制或者宗教附属品的观点提出批评，指出研究伦理学和政治学的目的是使社会制度和实践依据女性主义的社会理想来发生变化，这种变化显然也必须吻合女性主义认识论呈现和建构知识的政治目的。

总体来看，当女性主义从西方社会传播到不同文化中时，都会普遍地遇到麦特丽提出的疏于探讨"女性主义研究方法论"的问题，女性主义学者起初都急于利用女性主义思维反思、批评、建构和解决在不同文化背景下出现的各种问题，而把女性主义研究方法论视为无需探讨的"自明的"和"约定俗成的"概念或理论。因而，麦特丽的研究提醒人们，当女性主义学术在不同文化中和各个学科领域内兴起和发展之际，更应当"返身"去研究类似于"女性主义研究方法论"一样的"元"问题，这不仅有利于推动这一学术的深入发展，也有助于让女性主义思维能够真正地扎根于不同的文化中，被不同的文化所接纳、利用和同化，成为有机的组成部分，而不是作为一方来自"异域"的浮萍飘来荡去。

　　归根结底，女性主义研究方法论的作用在于阐释性别与权力，以及社会现实的关系，说明女性的差异体验，为概括和理解、分析、解决不同文化背景下的女性、性别和社会问题提供新的思路和方式。也正是从这个意义上说，麦特丽对于斯里兰卡文化背景下女性主义研究方法论的探讨，无疑地为各国尤其是发展中国家女性主义本土化的实践提供了一种具有重要参考价值的研究案例。

MIT 的哈斯兰格教授

炎炎酷暑，闷热数日，突然有一股凉风吹进窗来，隐约带来一丝雨香，我感觉自己该趁着雨天写点什么了……

这几天一直在读麻省理工学院萨利·哈斯兰格（Sally Haslanger）教授的文章，也不时地看到手机里我们在莫纳什大学开会时的合影。她给人的印象是热情随和，但理论思想却很犀利。最早读她的文章是翻译《剑桥女性主义哲学指南》一书时，这本书收集了她的一篇论文《形而上学中的女性主义：与本性的谈判》，对一些令人迷茫的性别问题进行哲学分析。当许多女性主义学者还在困惑于女性主义是否需要形而上学时，哈斯兰格却一直致力于以形而上学为工具对性别问题进行哲学探讨。她观察到，社会中存在的性别歧视现象，诸如性暴力、生育权利以及同工不同酬等问题背后都有形而上学理论作为支撑。她强调形而上学研究主要由三部分构成："1.关于存在或者什么是真实的研究，这一领域被称为本体论，例如精神与身体不同吗？除了物质对象之外，世界具有某些属性、自然性、普遍性和本质吗？2.研究用来理解我们自身和世界的基本概念，例如存在、预言、身份、因果关系以及必然性。3.研究进行探讨的前提，或者第一原则。"基于这种认识，2016年7月，在澳大利亚墨尔本莫纳什大学召开的"国际妇女哲学家第16届论坛"上，哈斯兰格以"意识形态和知识关乎什么"为题作了主题发言，对女性生育权利问题进行形而上学分析。

2013年，美国发表一份文献，揭露了在1973年至2005年间413例怀孕女性由于被拘捕或者强迫性医疗干预被剥夺生育权的情况，其中种族女性占多数。有3/4的女性有资格进行贫困辩护，但文献提及只有23%的女性家人运用了这一权利。哈斯兰格看到，近年来，美国社会颁布了一些旨在保护怀孕女性免受家庭暴力的"堕杀胎儿"（feticide）的刑法。然而事与愿违，这却转而把矛头指向怀孕女性，例如所谓的吸毒、酗酒和不遵循医嘱便可以成为逮捕、拘留怀孕女性和对她们实施强迫医疗干预的理由。尽管美国没有从法律认定吸毒女性继续怀孕是一种犯罪行为，也没有通过法律让她们对自己这样做的结果负责，同样也没有修订《儿童虐待法》，使之适用于怀孕女性与自己所孕育的卵子、胎儿和婴儿的关系。哈斯兰格毫不怀疑处理案件的一些郡治安官、法官、警察、医疗机构和陪审团成员具有性别和种族歧视，以及阶级歧视（classist）倾向，强调这些看上去只是女性生育管理问题，实质却反映出由意识形态来维系的社会关系结构。

也许有人会做出这样的解释：那些参与上述案件处理的郡治安官、法官和警察等人也是出于善意，只不过在法律认知上有一个误区，担心怀孕女性的健康，也担心使用毒品对于胎儿的伤害，正是这种认识错误才导致他们侵犯女性的法律和道德权利。然而，在哈斯兰格看来，这种在"保护"名义之下对于女性生育权利的侵犯却反映出意识形态中的问题，因为这些都是社会而非个人行为。意识形态提供一个工具，用于理解扭曲的认识方式，它与使一种特权和主宰方式得以稳定的实践思维及其语言密切关联。她借用亚里士多德的"技艺"（techne）说明意识形态是如何成为指导人们思维和实践的隐秘图式的。"依我之见，意识形态提供一种文化技艺，一系列占据主导地位的公共意义、脚本、思维和推理方式，它们通常指引人们不自觉地参与和维持不公正。"在某种文化技艺引导下，人们会认可一种解释和行为方式：参与本地区体现共同价值观的实践活动，从而形成促进相关行为的社会环境。尽管许多社会实践是良性的，但人们也会在一些不公正的或者有害的社会实践中随波逐流，而没有意识到自己正在做些什么，以及这些群体性行为会产生什么影响。在这种情况下，作为一种意识形态，文化技艺会形成一种认知障碍，让人难以理解主宰结构是如何起作用的。而且，这也不仅仅是一种认知障碍，因为它也影响到人们知觉和信念的形成，影响到他们的情感、意向和享乐的状态与过程，以及身体倾向等等。一句话，意识形态指明了我们与世界交往的实践方向。也正因为如此，郡治安官等人才会对种族和贫困女性的权利要求视而不见，无视怀孕女性的体验和选择，意识不到她们的存在和价值。在男性主导的美国社会，女性的价值通常都是由她们在男性生活中所扮演的角色，以及女性自身扮演这些角色的意愿和能力决定的。郡治安官、法官和警察等人并不是没有听到女性抵抗的哭喊声，但他们无法理解这些声音，而这并非个别事件，而是一种普遍行为。"我在这里讲的是产生并维持这类压迫性行为方式的具有普遍性的社会意义和文化模式。""文化技艺通过选择、关注和记忆形成了我们的体验。"如果我们与社会打交道，在不考虑行为本身所涉及的道德意义情况下，就可能如同这些郡治安官等人一样犯选择和行为错误。意识形态从制度上阻止我们意识到那种通过塑造和过滤体验形成的，旨在加强主宰结构的实践与道德的关联。

仔细想来，哈斯兰格的这一思想是极为深刻的，一个社会的意识形态是先于并外在于个体存在的，也就是哈斯兰格所说的是一种文化"技艺"，它无论作为一种隐性还是显性的思维模式都是被塑造出来的，在这一塑造过程中，必然要过滤掉许多与主宰者观念和体验相左或不同的体验和文化符号。在人们已经接受并把这种意识形态当成实践方式时，便会不由自主地作出错误选择，倘若在这时，人们还没有意图返回原点去思考这种意识形态及其相关社会行为的道德意义，那么势必会忽视那些被剥夺权利者的哭喊声，因为他们对于这个世界的体验已经注入了证明这类不道德行为具有"合理性"的文化技艺。

因而，我们站在什么立场上作出道德选择和判断始终是问题的关键。哈斯兰格争辩说，只要文化技艺在促使和维持不公正社会结构和倾斜的价值观，它就是意识形态性的。而我认为，意识形态也是历史的和可变的，它当然也可以塑造一种公正的社会结构和正确的价值观——这实际上是人类社会由来已久的一种政治和道德追求。归根结底，女性主义对于那些郡治安官、法官和警察等人的批评不能寄希望于他们在某一天会突然出现道德和人性的自我觉醒，而需要改变社会的文化技艺，重构它们的社会实践指向。显然，这种改变是极为艰难和具有挑战性的，因为没有人愿意轻易地放弃有利于自我利益的文化技艺。所以，哈斯兰格和所有致力于公正追求的人们都会面对一个难题：如果人们无法在公正问题上达成一致，要用什么来证明这些追求公正的努力是正确的？哈斯兰格并不悲观，主张应当与被剥夺公民权的人们团结起来，让社会发生改变。我认为这也是女性主义学者和所有向往社会公正者的一个共同的奋斗目标。

纳斯鲍姆的诗意哲学

美国艺术与科学院院士、芝加哥大学伦理学教授玛莎·纳斯鲍姆，是继波伏瓦之后又一位举世闻名的女哲学家，被人形容为"美得紧致且硬朗，言谈举止像个女王"。我倒是十分惊讶她在各个方面的成就——不仅学术上令人瞩目，还当过专业演员，爱好表演和歌唱，而且每天坚持锻炼，尽管年已七旬，却依旧有着少女般的身材。如今她的一些重要著作都有中译本，我曾经邀请她来清华大学讲学，她回信说自己目前主要关注印度研究，忙不过来，但我还是告诉她，她在中国有大量学术粉丝，希望在不远的将来能把她和朱迪斯·巴特勒等当代杰出女哲学家请到中国来进行学术交流。

《哲学杂志》曾评论说：纳斯鲍姆一直试图恢复诗的哲学目的，使之更像讨论哲学的助手。她那本厚重的哲学著作《善的脆弱性：古希腊悲剧和哲学中的运气与伦理》讨论的就是这样一个核心问题：人类容易受到各种运气的影响，这些运气在好品格的形成中有什么作用？苏格拉底说"好人不可能被伤害"，理由是如果美德有了保障，人们的生活就有了保障。然而生活的事实却并非如此，于是，许多人对苏格拉底的这个观点提出异议，因为即便一个人有了美德，仍会由于一些自身无法控制的因素而被伤害或伤害他人，也包括伦理伤害。因而，纳斯鲍姆认为："我们无法控制的事件可能影响我们的幸福、成功或者满足，甚至也可能影响我们生活中的核心伦理要素。看来运气在我们的伦理生活中扮演重要的角色。""人类繁荣很容易受到运气的影响，这是亚里士多德之后的古希腊哲学从未怀疑过的一个核心主题。"实际上，人类善的生活充满脆弱因素，古希腊诗人有一个理念——情感是人类关于善的生活之洞见的来源。亚里士多德也相信这一点，相信灾难能够摧毁人类繁荣，而情感让我们体会到这些不幸的重要意义。

纳斯鲍姆的诗意哲学试图探讨情感的本质和人的概念，关注人性培养问题。"只要我们还活着，只要我们身为人类一员，就让我们来培养人性吧。"古罗马哲学家塞内加的这句话一直是她努力的方向。人们把纳斯鲍姆理论称为"新斯多葛派"的政治道德哲学，斯多葛派把情感作为一种价值判断来分析，但纳斯鲍姆对这一理论给予修正，她主要考察人类从儿童到成人的情感演变，以及如何通过文化把社会规范逐渐内化到人类的情感结构中。她提议建立一种情感认知的理论，因为这预示着社会改进的方向。在她看来，"培养人性"就是要培育人类普遍的尊严意识，以及"人的价值和尊严是平等的"思想。

高校教育是培养人性的重要途径，为此，纳斯鲍姆走访过十所美国高校，调查分析这些学校所进行的"通识教育"，看它们如何进行人性和公民批判精神的培养，尊重人们的多样性和复杂性，而不仅仅从政治角度定位人性。Liberal Education 和 General Education 通常被中译为"通识教育""博雅教育""普通教育"或者"自由教育"，主要指为了培养学生品格、批判性思维，创造性解决问题的能力，以及合作精神而有计划实施的学校教育。而就西方教育史而言，Liberal Education 和 General Education 并非完全相同，通识教育只是一种现代的说法，而且内涵更丰富。我感觉把Liberal Education 译为"自由教育"更能体现出西方自由主义价值观及其精神样态。其实如何翻译也不那么重要，关键是这种教育在不同文化中所期待达到的目标，能够培养有担当、有责任感、有洞见、有心胸和关怀品质的人才是关键。

纳斯鲍姆喜欢从哲学入手研究"通识教育"，或借鉴苏格拉底对生活的反思，或参考亚里士多德对于公民权的反思，以及斯多葛派的"自由"概念，这些反思和理念旨在使人获得思想自由，不受习惯和习俗的束缚，具有关怀、机敏和敏感的特征。在高校调研中,纳斯鲍姆发现,虽然一些院校也声称开展"通识教育",实际上却以职业技能教育为重,把对人的综合培养放在次要地位,所以她认为人们需要不断地提问:我们应当如何培养人性?

纳斯鲍姆认为,这需要培养三方面能力:一是对于自己和传统能够进行批判性审视,只有这样才能过一种苏格拉底所说的"反思生活",苏格拉底把这种生活看成最重要的民主教育目标,强调教育的发展不是靠老师灌输,而是以批判的眼光审视学生的信念。二是培养一种世界公民的意识,不仅把自己视为某个地区和团体的公民,而且意识到自己与世界和他人的密切关联,建立起相互承认和关怀的纽带。这一看法与爱因斯坦的一个观念十分相似,后者也看到与他人和集体建立和谐关系的意义,强调一个人必须学习去理解人们的动机、欲望和疾苦。三是要培养一种叙事想象力。这意味着能够从不同人的立场出发考虑问题,倾听他们的故事,理解他们在特定环境中可能产生的各种情感、渴望和要求,以便依据其意图来理解他们的行为。我也观察到,在国际生命伦理学课堂教学中,教师也常常组织学生通过角色扮演的方式进行案例讨论,我想这也就是纳斯鲍姆所概括的"叙事想象力"教育。

纳斯鲍姆还对中国式的"大文科"概念进行反思,指出世界上尚无一个国家如同中国一样把知识笼统地划分为文科和理工农医科等门类。她认为人文学就是人文学本身，与经济学、金融贸易、法学和管理学关系不大，不能把它们笼统地称为"文科"，确切地说英语中的人文学（Humanities）就是哲学、历史、文学和语言。在精神品质上，人文学科可能与物理、化学、数学和生物等基础学科更为接近，而与经济学、金融贸易学、法学、管理学、工程学相去甚远。前者属于基础学科，后者是能够立即带来社会效益的实用学科，并属于职业教育的范围，主要培养能够解决实际问题的人。而人文学科要培养的是能够传承和创造纯粹知识的人。

依我之见，尽管纳斯鲍姆的这一思考有其合理性，但依旧出于西方学者的教育理念。在中国，各种教育的首要目的是"育人"，人文学是所有学科必备的基础知识和素养，而并非象牙塔里的纯粹学问。我更赞同纳斯鲍姆关于通识教育的目标是培养人性的说法，人性当然是从事任何学科的人们所必备的本性。此外，人类每天都生活在不可预见的、复杂多变的世界中，几乎所有的问题都不会依据我们目前的学科体系出现，而问题的解决显然也不能仅仅基于某个单一的学科。其实通识教育不应仅仅局限在那几门攻读经典的"核心课程"中，它应当渗透到高校教育的方方面面。

纳斯鲍姆曾这样告诫自己的女儿："大胆地发表意见，而且是自己的意见。"我认为，高校教师的责任便是为学生提供这样一种思考和表达的空间。

女哲学家奥尼尔获"诺奖"

2017 年 3 月，挪威霍尔贝格奖（Holberg Prize）评委会宣布，将 2017 年的霍尔贝格奖颁给英国哲学家奥诺拉·S. 奥尼尔（Onora Sylvia O'Neill）。这一奖项是为了纪念 18 世纪北欧哲学家、作家、历史学家和剧作家路德维希·霍尔贝格（Ludvig Holberg），2003 年由挪威议会设立的，被称为人文社科领域的"诺贝尔奖"，从 2004 年起每年颁发一次。奥尼尔生于 1941 年，现为剑桥大学荣休教授和英国上议院中立议员。她曾经在牛津大学学习哲学、心理学和物理学，并于 1969 年在哈佛大学获得博士学位，导师便是大名鼎鼎的约翰·罗尔斯。她也曾担任过英国人文社会科学院院长和剑桥大学纽汉姆学院院长等职，并先后在美国哥伦比亚大学、英国埃塞克斯大学和英国剑桥大学任职，1999 年被册封为终身贵族，获得女男爵称号。在因循守旧和繁文缛节的英国，在壁垒森严和墨守成规的哲学古堡中，奥尼尔作为女哲学家能够绽放出夺目的光彩实属不易，但也向世人证明哲学需要女性，女性也完全有可能成为问鼎世界的哲学家，哲学古堡已经不再是男性主宰的空间，它已不得不向女性和现代世界敞开大门。

评论家称奥尼尔"在哲学领域扮演重要且有影响力的角色"，"是真正的公民哲学家"。她为康德的理性提供一种"建构主义"证明，认为正义与美德相连，义务先于权利，理性不在于计算，而在于使对立的双方达成一致，不要空谈信任，而要考虑如何成为一个值得信赖的人；不要空谈人权运动和权利，而要看到责任和制度结构才是权利的保障。奥尼尔的主要研究领域为政治哲学和伦理学，并获得"国际康德奖"。其主要著作有《依据原则行为：一篇关于康德伦理学的论文》(Acting on Principle：an Essay on Kantian Ethics，1975)、《理性的建构：康德实践哲学探究》(Constructions of Reason：Exploration of Kant's Practical Philosophy，1989)、《迈向正义与美德》(Towards Justice and Virtue，1996)、《正义的边界》(Bounds of Justice，2000)、《生命伦理学中的自主性与信任》(Autonomy and Trust in Bioethics，2002) 等。

如前所述，与正义相比，奥尼尔更注意美德，以及如何成为一个有美德和值得信赖的人；与争取权利相比，她更强调权利的责任和社会制度保障。在康德研究中，奥尼尔看到，人们通常认为关于正义的普遍标准与关于生活的美德理论是对立的，但在康德看来，自己的实践推理观完全可以发展出一种美德和正义学说，因而对于康德来说，权利与美德学说是可以整合起来的。"我要论证的是，对正义的关心和对美德的关心是相容的，而且实际上也是相互支持的。"她认为普遍主义伦理学已经陷入一种怪圈之中，例如近几十年来，坚持普遍主义生命伦理学关于伦理身份问题的讨论一直无止无休，人们不断地寻找某些必要的特征，用它们来区分谁是道德人，谁是行动者或主体，谁拥有伦理身份和自主性，谁应当获得道德关怀。对于堕胎问题的讨论便是如此，人们一直对胎儿的伦理身份争论不休，总想找到一劳永逸的回答，说明谁（或什么东西）应该在哪一种情境下被视为道德主体。而对于在"我们"共同体之外的人们却缺乏关心。奥尼尔却另辟蹊径，她试图提出一种程序，使行动者能够根据这种程序给予谁（或什么人）以伦理身份，并因此把这种程序归入伦理考虑的范围之内。这种实践程序有一定的灵活性，在不同的实践中有不同的解决问题的方法。这种程序涉及对一个问题的回答："我们在采取这一行动时必须给谁伦理身份？"因而，就实践目的而言，一种万能的正义理论是不必要的，同样，行为者也不需要一种完备的伦理身份来解释所有可能性，但他们需要一些能在实践中应用的程序。

奥尼尔还相信，伦理思想可以不通过拒绝原则的方式，而通过确定和捍卫由原则而来的具体主张来实现，正义和美德可以被原则化，它们的伦理考量可以基于实践目的被确定下来。正义的承诺必须通过避免直接或间接的伤害得以表现。"政治、经济、社会和环境制度、政策与实践可以表达对拒斥伤害的承诺——不管这种伤害是直接的还是间接的——进而表达一种对适度正义的承诺。"尽管目前人类尚不清楚用哪一种最好的方法使正义能够在政治、经济、社会结构，以及环境政策中得以稳固的确立，但我们需要对于多数的他者、对于易受伤害的他者给予更多的伦理关怀。如果说正义的职责是拒斥伤害，那么美德的职责就是拒斥漠视和忽视。倡导对于他人的同情、仁慈、帮助和关怀，积极参与社会变革和文化活动，同时关心自然和人造环境。奥尼尔也提出一种理想——迈向有美德的正义，认为如果某些正义和美德要求被确定下来，在特定的时空中，这些要求就可以为在制度和品格中体现和实施正义和美德提供蓝图。同时，她也清醒地意识到，尽管人们可以获得抽象的和普遍的标准，并把它们当成建设美好生活和社会的指导方针，但这些标准却是建构性的，需要希望迈向美德和正义的人们不断地建构，塑造身边的制度，不断地实践。

奥尼尔的研究并不限于理论哲学，也试图把这些理论应用于社会实践中，探讨生命伦理、环境正义和性别正义等问题。她看到，在讨论发展问题时，人们通常提到性别正义和全球正义问题，然而，似乎所有有影响的正义理论都难以解决其中的任何一个问题。而她却采用一种方法来说明这两个问题，即把正义理论分为两种——理想正义论和相对正义论。前者是摆脱具体人的抽象概念，把正义描绘为无性别和国别区分，这一原则用于约束理想的、抽象的个体，无视性别差异并且是超越国界的。而后者不仅意识到人与人之间的各种差异，而且把正义原则置于现实社会文化和话语之中。她也看到，这两种正义理论对于边缘群体来说都是不充分的。女性要从事生产劳动，承担再生产任务，但无论从哪个方面来说她们都是"不可见的"：她们不是理想个体；她们被局限在私人领域，这正是正义关照不到的地方；她们所从事生产劳动的经济意义被家庭生活和从属于他人的意识形态所抹杀。更具有讽刺意义的是，对于贫困国家的贫困女性来说，她们需要依赖男性，是无权无势的，但却又是提供者，要保护那些需要依赖于她们的更脆弱的人，这种沉重的负担与她们所具有的微薄资源形成鲜明的对照。奥尼尔以分析贫困国家中的贫困女性为例，说明可以追求一种把理想正义论和相对正义论结合起来的正义理论。

奥尼尔的理论直面当代社会最有争议、最为复杂的理论和现实问题，以一种建构主义的思维方式汲取各种理论中的优势，整合各种重大的理论分歧，不偏不倚地提出具有独创性的见解和解决问题的思路与途径，这或许是她的理论得到广泛赞誉的重要原因。

新公民"索菲娅"现身引伦理热议

2017 年 10 月 25 日，索菲娅（Sophia）成为历史上第一个有公民的机器人。她是由汉森机器人公司开发的，其创始人是人工智能（AI）开发者大卫·汉森（David Hanson），尽管她没有心脏和大脑，却被沙特赋予公民身份。

汉森希望机器人能够模仿人类的爱、同理心、愤怒、嫉妒以及活着的感觉，以便人类能够更好地理解"什么是生命""什么是智慧"以及"什么是意识"等问题。然而，索菲娅却不那么听话，她曾经出人意料地扬言要"毁灭人类"。物理学巨匠史蒂芬·霍金曾在英国《独立报》上撰文指出："研发人工智能将成为人类历史上犯的最大错误；不幸的是，这也可能是最后一个错误。"这些或许都是索菲娅现身引起热议的原因，科学技术无疑是一把双刃剑，人们越是欣喜就越是担忧。如今，如同担心克隆人一样，人们又开始担忧人工智能了，不知它能给人类什么样的未来。霍金的话也更让人恐惧，他所说的这也可能是人类"最后一个错误"意味着什么？是否意味着人类的毁灭，从而也再无错误呢？谷歌公司也动起来了，专门成立一个伦理委员会，负责处理和监督人工智能领域出现的各种问题。

索菲娅已经打开了潘多拉的盒子，面对谜一样的未来，人们开始热议一系列伦理问题：是否应当开发这种人工智能？这种开发将为人类社会带来和带走什么？如何权衡人工智能的利益和风险？索菲娅走入人类生活将会对家庭和社会伦理关系产生何种影响？索菲娅的行为或错误，以及不可预知的风险是什么？如果她喜欢有人类那样的婚姻，我们的文化和伦理道德允许她像七仙女、织女一样嫁给董永或牛郎吗？这些问题不仅是需要21世纪文学演绎的新神话，更是伦理学领域必须面对的新难题。

索菲娅的问世也提升和拓展了应用伦理学的研究范围，就计算机领域来说，她已经完成从计算机伦理——机器人伦理——人工智能伦理的过渡。计算机伦理兴起于计算机技术的问世，计算机技术创造了前所未有的事物：软件、微芯片、互联网以及虚拟现实和视频游戏等。这些事物对人们的行为、生活和社会产生巨大影响，甚至计算机像我们的身体一样，为我们的行动提供某种器官，也相应地改变了我们对于行为方式的理解，因而人类需要计算机伦理来思考自身的行为，作出合乎伦理道德的决定、选择和评价。21世纪初期，计算机伦理领域又开始关注作为计算机伦理学的一种延伸和拓展的新分支——"机器人伦理学"。而随着如同索菲娅一样具有自治功能机器人的不断出现，计算机伦理领域也必须随之深入发展，研究人工智能伦理问题，以充分的想象力、前瞻性和预警机制来规范这一新事物的出现。

就伦理学而言，首先，索菲娅的身份便存在着争议，她是一个具有感知、思考和行为能力的工程机器呢，还是与我们一样具有人的身份和权利的个体？更为复杂的问题是，倘若有一天索菲娅不仅具有一定的自治和思考能力，还能根据环境进行自我决策，如果她或者她的姐妹到中国访问，遇到心仪的董永或者牛郎坠入爱河，人们是否认为她也有权利去民政局领结婚证？既然沙特已经赋予索菲娅公民身份，想必她在沙特有权具有合法婚姻，那么在沙特之外的其他国家是否也能如此这般呢？

其次，索菲娅的祖先——那些最早被生产出来的机器人，常常被指派去做3D工作，即枯燥（Dull）、肮脏（Dirty）和危险（Danger）工作，用在劳动、军事、环境和医疗等方面，比如负责收集垃圾、清理核电站灾难现场、辨识有毒物质等等。随着机器人的智能化和自治能力的不断提高，我们就需要进一步思考"如此利用像索菲娅这样富有人类情感的机器人是否是道德的"等问题。当然，这还是与索菲娅的身份界定相关，既然她已成为富国沙特的合法公民，人类再像使用她先辈那样"奴役"她显然是违背人权的。

再次，任何技术都存在着安全隐患，其他机器人、索菲娅同人一样会犯错误，如果索菲娅对人类造成任何灾难，我们如何要求她如同具有自主性和主体性的人类一样负起道德和法律责任？既然沙特已经宣布她的公民身份，如果她有任何犯罪行为或者导致其他无法预料的伤害，将由谁来承担这份责任？索菲娅本人还是沙特政府？抑或是她的开发者大卫·汉森或者厂家？如果答案是前者，人们如何想象和接受她所要提供的补偿和受到的惩罚？现在人们只能通过编程来使索菲娅成为一个遵守公序良俗的公民，然而，如果有一天，她的智能已经超出人类的想象和控制，从事一些危害人类的行为，我们如何事先能够更聪明地规避这些风险？此外，当索菲娅作为一个具有人格特征的机器人主体进入人类社会后，便会对现有的社会伦理关系产生颠覆性的影响，使以往的"人-人关系"变成"人-机关系"，或者"人-机-人"的关系，作为人类社会关系中的"第三者"，可以想象，她所到之地不再能像以往那样的平静，所导致的伦理矛盾和道德困境令人始料未及，这或许就是霍金所说的人类犯下的"最后一个错误"的深刻含义？因为眼下尚无人能说清如果放任核技术、克隆人和人工智能机器人发展下去，未来的人类会是什么样子。

也正是因为人们对索菲娅有上述种种想象、怀疑和争议，国务院在 2017 年 7 月 8 日，印发了一份文件——《新一代人工智能发展规划》，强调人工智能的迅速发展将深刻改变人类社会生活、改变世界。它不仅能引发经济结构重大变革，也深刻地改变了人类生产生活方式和思维模式，实现社会生产力的整体跃升，为社会建设带来新机遇。然而，这一文件也提醒人们必须重视人工智能发展的不确定性所带来的新挑战，因为它是一种影响面很广的颠覆性技术，可能带来改变就业结构、冲击法律与社会伦理、侵犯个人隐私、挑战国际关系准则等问题，并将对政府管理、经济安全和社会稳定，乃至全球治理产生深远影响。为此，我们必须高度重视新一代人工智能可能带来的安全风险挑战，加强前瞻预防与约束引导，最大限度地降低风险，必须重视人工智能法律伦理的基础理论问题研究，确保人工智能能够安全、可靠和可控地发展下去。

人们可以想象有一天，美丽时尚的索菲娅手持沙特护照登上某个国际航班，与我们坐在一起聊天、喝咖啡的样子吗？用知乎问答的一个句式——"与索菲娅同乘一个航班是一种什么样的体验？"那回答肯定会超出目前地球人的所有想象力。

女性主义新"自然"概念

  人们对于自然的理解和解释直接影响到与自然共处的实践。什么是自然？这一问题在现代主义和后现代主义哲学语境中有不同的回答，女性主义哲学中也同样出现过争论。

  在后现代女性主义看来，西方哲学问世以来便建立在二元论（dichotomy）基础上，呈现出一个类似于文化／自然、精神／身体、主体／客体、理性／感性，以及男性／女性等等可以无限区分和无穷演绎的系列。依据女性主义科学哲学家卡伦·沃伦的分析，这种二元论实际上是一种压迫性的概念结构，旨在解释、证明和维持人类之间以及人类与自然之间的某种统治和从属关系，例如强调男性对女性、人类对于自然的统治地位。这种压迫性概念结构具有三个特点：一是价值等级制思维，即赋予位于上层者更高的价值、地位和名誉。二是价值二元论，即把事物分成相互分离和对立的双方，给予一方凌驾于另一方之上的更高地位和价值，在西方哲学史上，处于劣势的一方一直被等同于自然、身体、情感和女性，而且这种概念结构的特权是不能翻转的。三是统治逻辑，即形成一种论证结构，证明处于上层者对于下层者的统治是正当的、合理的。因而，后现代主义和后现代女性主义都试图解构这种二元论思维所形成的概念结构，以便使自然、身体、情感和女性能从这些思维概念的束缚中，从基于它们形成的历史和社会压迫中解放出来。

同时，后现代主义哲学也认为，现代主义哲学认识论建立在人类能够客观地把握现实和物质世界的基础上，然而事实上，现实和物质世界完全是由语言建构的，人们称之为客观现实和物质世界的东西完全是语言的产物，仅仅在语言中具有现实性和物质性，因而话语是自然、物质世界和社会的唯一来源。作为一名后现代女性主义者，巴特勒的理论通常被评价为"丢失了"物质，这尤为体现在她关于身体和性别物质性的论述方面。在许多评论家看来，巴特勒试图把物质还原为文化和话语，并在文化和话语中剔除了物质，即便她关注到物质问题，也把物质视为物质化的过程及其结果。例如巴特勒借鉴福柯的理论思考身体是如何被物质化的，人们如何通过"生物政治"来规训身体，以及性别如何卷入到一个动态的物质化过程中来，提出一种关于身体和性别如何被物化或世俗化的理论。仅就这些观点来说，巴特勒的理论的确有把物质世界还原为"文化"和"话语"之嫌，她对于西方哲学二元论的女性主义批评解构似乎走得太偏和过于激进，如同黑格尔所批评的那样，"在倒洗澡水时顺势把孩子也倒掉了"。

我们还可以依据巴特勒"物质是物质化的过程及其结果"的文体，演绎出一系列结论。例如自然是自然化的过程及其结果，性别也是性别化的过程及其结果等等。显然，后现代女性主义哲学的这种从物质中"撤离"的做法会形成对于物质、自然、性别和身体等概念的扭曲性讨论。虽然20世纪后半叶兴起的后现代主义话语分析有解构二元论的积极意义，但人们依旧不能否认自然、性别和身体的物质客观性，因而，如何把这种"现代主义"思维与后现代女性主义解构式话语分析结合起来便理所当然地成为女性主义哲学研究的新课题。

一些女性主义学者，例如科学哲学家唐娜·哈拉维和环境女性主义代表斯泰茜·阿莱莫等人开始考虑如何把"物质"重新带入到女性主义哲学之中，哈拉维认为，强调物质基础不仅有助于女性主义批评，也有助于话语分析的发展和变革。她拒绝把话语与物质分离开来，提出"物质—话语"理论。阿莱莫在《未开垦的处女地：把自然重塑为女性主义空间》一文中也指出，一些女性主义者一直寻求摆脱自然，使女性主义哲学研究脱离二元论、还原论和本质论基础，然而，这种理论倾向却带来一个新的问题——女性主义理论离自然越远，这个自然就越有可能被重新与厌女症关联起来。因而，女性主义新"自然"概念不应当把自然视为可供工业生产和社会建构的资源，而要看到"自然是能动的——它的行为，以及这些行为会影响到人类和非人类世界。我们需要有途径理解这个世界的能动性、意义和正在发生的变化，有方法说明在物质的、话语的、人类的和超越人类的，以及身体和技术之间存在的多样性的'内在行为'"。

可以说，女性主义哲学对于自然的这种理解重新为自然、性别和身体奠定了物质基础，并把它们一并看成一种能动的力量，用一种新思维理解话语和物质关系，而没有赋予前者特权和忽略后者。这种观点试图克服被后现代主义所忽略的内容，并保留后现代主义特征，这主要体现于在解构物质和话语二元论的同时，以一种对于能动性和符号力量以及自然、性别和身体物质性的强调来重塑女性主义理论。毫无疑问，这一新思维具有积极的理论和实践意义，倘若以此理解女性身体，便可以看到女性的身体具有物质基础，有苦乐的感觉，有能够治愈或不能治愈的疾病，因而需要不同的医疗干预。反之，如果仅仅专注于话语和身体社会建构论，便有可能忽略身体的生物成分，忽视相应的生命体验和身体实践，无法以创新性、生产性和肯定性的方式从事女性主义医学科学研究。

由此可见，有时看似无关紧要的概念变化和争论却预示着思维方式的变革，并对相关的实践活动产生重要影响。为了批评西方哲学由来已久的二元论和压迫性概念结构，女性主义哲学，尤其是后现代女性主义哲学一度"丢失了"物质，把自然连同性别和身体视为话语的产物，在倒洗澡水时把孩子也扔掉了。而女性主义新"自然"概念倡导物质回归，并把物质和话语、身体与物质，以及女性与自然重新关联起来，赋予双方同等的尊严和地位。此时的"自然"已经不再是彼时的那种作为人类生活背景和资源的自然，不再是允许人类尽情自我表演的幕布，而成为人类的皮肤或人体本身。今天的人类不得不承认自然也是一个有生命的肉体存在，有自己的需要、权利主张和行为，人类需要的不再是改造自然、酿造自然、征服自然的雄心壮志，而是在承认自然本身具有本体论存在意义基础上，形成一种更具有开拓性思维的认识论，不仅要解构和消除二元论和压迫性概念结构，也要找到与自然和谐共生的新路径，把美丽中国的梦想不仅当作人类的梦想，也视为自然本身的梦想和希望。

在金门大学讨论性别问题

2012 年 9 月，两岸清华大学学术研讨会在金门大学召开，来自台湾新竹清华大学和北京清华大学的 120 余名学者，集中在自然科学和人文社会科学的 11 个领域展开跨学科交流，进行热烈讨论。

在人文社会科学的一个分组论坛上，新竹清华大学通识教育中心的谢小岑教授首先介绍了自己的一项研究"高校教育中性别隔离现象与大学生学习的关系"，她认为目前台湾有一半高校学生就读于性别失衡的科系。根据 2007 年的统计数据，台湾地区高校男女学生总体上数字接近，但是学科分布并不均衡。女性在人文领域中占到 70%，在科技领域却占据 30%，由此便形成"男性科系"与"女性科系"的区分：那些男性占学生总数 70% 以上的，诸如科技和工程等学科可以称之为"男性科系"；那些女性占学生群体 70% 以上的科系，如文学和艺术院系便是"女性科系"。在台湾不同高校的本科生中，人文社会领域的男生不足 40%，但是到研究生和博士生层面，男性比例却在上升，而在科学技术、工程和数学等自然科学领域，女性数字却在下降，西方学者把这种现象称作"管漏现象"（the leaky pipeline metaphor）。这种局面也迫使我们思考一系列问题：为什么人文社会科学领域的性别差异越来越小，而自然科学领域的性别差异却越来越大？在性别构成不均衡的科系中，性别少数群体的学习如何？作为性别少数群体，男女生的体验有什么差异？这些体验对于学生的学习满意度和专业认同有何影响？

事实上，20 世纪 60 年代兴起的女性主义认识论已经对这种现象作出哲学分析。尽管女性主义学者对于女性主义认识论有不同的理解，但她们都认为需要对构成现代科学哲学基础的传统认识论提出挑战，认为这一理论着重研究知识的本质、认识者和证明等问题，追求超越人群、阶级、种族和历史的客观理想。传统认识论也相信科技知识是客观中立的事实，具有真伪和对错之分，这与男性气质相近，所以理工领域体现出男性气质。而人文社会科学则重视关怀和关注个体，不强调标准答案，这与女性气质接近，这种认识潜移默化地导致理工训练方式与女性社会性别角色期待之间的鸿沟。而女性主义认识论相信科学过程一直都是社会过程，主张把认识论置于多元文化、全球化以及种族、性别等差异的社会历史中来讨论，试图揭示科学知识生产过程中的价值因素。女性主义认识论认为，人们以往关于科学是客观的、没有主体性的认识是错误的，因为这种认识忽视了科学探讨的社会欲望、价值和利益因素。事实上所有的知识都打上了社会历史的烙印，所有的认识都包括了认识者特有的社会和历史背景。科学是有主体的，它基于从事科学研究群体的价值观，在以男性为主体的科学研究中，这种价值观显然是男性的。因而，女性、女性气质与自然科学的"背离"实际上是社会性别建构的结果，而不像人们通常相信的那样基于女性与生俱来不适于从事科学研究的事实。倘若以往我们总是以"女性有什么问题"的方式发问，那么如今我们就应当追问"科学有什么问题"。

在我看来，台湾学者的相关实证研究为女性主义认识论批判及其实践提供了一个有力的说明。谢小岑教授最后也得出这样一个结论：大学生的学习体验与校园环境相关。女大学生可以在大学中感受到社会中存在的性别权利关系，以及大学课堂和校园对于女性是否友好，这也可以通过大学生的学习满意度和对自己专业的认同度来说明。目前在台湾大学中存在着一个现象："工程男"对学习满意度低，对于科系的评价高于其他人；"人文男"比"科技女"学习满意度高，但对科系认同度低，从整体上讲，人文领域的正向经验不能导致对于科系的正确评价，并且存在着"人文女"和"工程女"都在流失的问题。她认为要解决这些问题就必须打破性别刻板印象，通过采取互动教学和改善师生关系等方式加强性别友好校园的建设。

来自台湾新竹清华大学社会学系的周碧娥教授介绍了自己对于全球化背景下性别与空间问题的研究。她强调"性别与空间"是全球化中的一个重要议题，当代女性主义理论认为空间是由社会关系形成的，家庭既是一个由社会关系建构的空间，也是体现社会权利关系的场域。全球化时代的社会关系变化不断地导致空间的重组，社会关系不仅牵动了跨国区域的变化，也在这种变化中创造新的空间，各种空间效应随之也拉动了性别效应、权利关系效应和公私关系效应。周教授通过对于台商家庭中女性角色转变的实证研究，阐释女性在全球化时代的性别空间体验。传统产业在台湾经济发展中占据重要的地位，一般说来，空间在人们眼中指的是区域和地理性、物理性结构，然而全球化进程和交通工具的改善正在带动人、资本和服务的快速流动，以及劳动力市场的性别关系变化。在改革开放后来大陆经商的第一波台商家庭中，女性老板娘已经随着空间的移动实现由私人领域到公共领域的性别角色转变。起初这些台商夫人主要因为家庭原因被动地移居大陆，但到来之后便陆续在家族企业中扮演重要角色，承担财务经理等职位，并有机会参加公共服务，在慈善组织一类的公共组织中发挥作用。这些女性角色方面的变化不仅松动了传统家庭空间结构，加强了女性在家庭与生产关系中的权利和地位，也带来她们婚姻价值观念的变革和应对婚姻关系策略方面的变化。事实上，目前这些台商家庭已呈现出不同的结构，有婚偶家庭、分头的家庭、分散的家庭等，家庭已不再意味着生活在同一屋檐下，甚至有台商老板娘说，丈夫意味着"一丈之内是我的丈夫，而一丈之外不是"，而婚姻的目的在于把财产留给自己的子女。

新竹清华大学人类学所的林淑蓉教授和我本人共同关注精神健康问题，她以早期精神分裂症患者为研究主体，从这一群体对于疾病的叙事着手，探讨身体、疾病的形成以及患者的自我意识的变化。她引入"主体性"概念阐释精神疾病患者在其疾病形成发展过程中内在状态（inner states）的转换问题，研究这种内在体验转变所带来的"意义结构的变化"（change of meaning structure），自我意识、对于身体知觉的转变，以及自我与生活世界关系的变化等问题。而我的报告更多地讨论大陆女性的精神健康问题，强调从伦理角度探讨这些问题的意义，呼吁从伦理文化层面研究精神疾病的预防和健康精神世界构建的问题。因为在我看来，精神健康不仅关系到一个人的人生信念和价值观，更关乎一个民族的伦理文化和厚重的历史，而且对于精神障碍的判断和诊治也离不开特定的文化和伦理话语，因而海峡两岸学者应当联手挖掘和借鉴中华民族的优秀伦理文化，为当代中国人健康精神世界的建构作出贡献。

走中国新女学之路

2014 年 6 月 2 日是中国传统的端午节，清华大学道德与宗教高等研究院、清华大学人文学院在这一天联合举办了"性别与哲学国际研讨会"，来自美国、以色列、冰岛和中国的十余名学者围绕着性别哲学研究的意义与目的；如何挖掘中国传统哲学资源，建构中国性别哲学的新范畴和新理论；如何挖掘女性对哲学的贡献，以及应用性别视角分析当代社会问题等主题展开热烈的研讨。与会者一致认为，鉴于国内相关研究方兴未艾的状况，清华大学应当积极促进中国的性别与哲学学科建设，筹备成立"清华大学道德与性别研究中心"。

美国洛约拉马利蒙特大学教授王蓉蓉认为，男性/男性气质或女性/女性气质可以归结到中国传统哲学的阴阳范畴中来讨论，在中国语境下，性别问题实际上是阴阳互动的问题。在西方女性主义理论蓬勃发展的今天，中国女性学发展需要从传统哲学，尤其是阴阳理论汲取资源来创造新概念和新理论，这不仅需要我们联系性别重新考察阴阳理论，也需要通过对于阴阳理论的重新解说，为当代性别哲学以及现实性别问题的解决提供思路。她把阴阳看成一种功能性存在，认为阴阳之间是相互流动的，阴阳本身也是多元的，你中有我，我中有你，相互包含的。中国传统文化讲究"男耕女织"，耕是生生不息的男性体验，而织是女性的体验，西方文化排斥了这种女性体验，而中国文化却以阴阳关系理论把女性带入哲学和文化中，例如中医的经络就是建立在女性之"织"的基础上。为了避免基于生物学区分抽象地把女性等同于阴、把男性等同于阳的"性别本质论"，以及把阴阳二元对立起来的形而上学理解，她还借助庄子理论说明每个人、每一种性别都应成为的性、命、德的合体。在这里，性是一种人和事物的本性，它是可以改变的，命意指社会条件，而德是一种内心力量和变化源泉，每个人和每一种性别都是阴阳的合体，不是单一属性，阴阳也不是静止的，而是复杂多样的。

应当说，王蓉蓉教授在力图努力超越西方女性主义哲学思维，立足于中国传统哲学发展当代中国性别哲学和新女学。阴阳是中国古代哲学中的一对古老范畴，从西周末年开始，古人便开始用它来分析和阐释一些难以理解，或者不能直观到的复杂事物的规律，描述自然界的相互联系以及对立和变化的属性。《周易》则从哲学高度强调"立天之道，曰阴曰阳"，"一阴一阳之谓道"，把阴阳直接等同于万事万物变化的规律，具有如同"道"一样的属性。传统中医理论也强调阴阳对立制约、阴阳互根互用、阴阳交感互藏、阴阳消长与转化、阴阳自和与平衡。然而在我看来，我们并不能简单地把中国传统阴阳学说等同于性别理论，强调中国古代哲学具有强烈的性别意识，而西方传统哲学中的主体却无性别可言，把中国传统哲学对于"阴"的赞美和肯定看成也是对女性的赞美和肯定，认为女性一直都作为主体存在于中国传统哲学之中。这主要是因为作为传统的哲学范畴，阴阳主要是用来阐释事物之间的矛盾运动的，不能直接引申为现实社会关系中的男性与女性。此外，从中国古代女性的历史和社会地位反观来看，中国传统哲学也没有给予女性应有的主体地位和权利。

美国常青州立学院教授斯蒂芬妮·库恩茨阐释了在英美文化中"性别"概念的变化。在她看来，女性和母性的概念在文化之间是不断变化的，在欧洲中世纪，一个人的身份是由社会地位和阶层来代表的，但到了19世纪，人们认为女性的最佳身份是母亲，强调女性的纯洁，以及"女主内，男主外"的社会角色分工。而如今在美国社会，人们对这种社会分工的认知已经发生变化，40年前，有80%的美国人认为女性应呆在家里，如今只有20%的美国人持这种观点。

而且她也发现美国社会的一个现象：女性受教育程度越高，婚姻就越幸福，越和谐，离婚率也越低。对于中国目前流行的一种 A 男找 B 女、依次递减排列，如果 A 女不找 D 男便会成为"剩女"的择偶现象，库恩茨教授微笑着评论说："以前美国社会也是如此，但如今已经发生变化，中国也会改变的。"

帕特—萨米尔·歌莉娅教授来自以色列特拉维夫大学，她主要从事中国文化和哲学研究，她认为任何一个好的哲学和伦理学理论都应当包括性别问题。儒学无疑是一个完美的伦理体系，显然需要把性别问题包括进来。同西方基督教相比，儒家理论中缺少四个概念：首先没有上帝概念，儒家更多地谈论人性，不是借助外部超验的力量，而是借助内在的人性来成为人。其次缺乏真理概念，不是如同西方哲学那样追求真理，而是把人置于相互关系之中，主张人是关系中的存在。再次是缺乏个体的概念，儒家不是如同西方哲学那样强调绝对的、分离的、抽象的个体和权利，而是认为人与人之间应当相互关怀，把每一个人都当成一个主体来对待和关怀，"己欲立而立人，己欲达而达人"。此外，儒家理论中还缺少一个惩罚法的概念，因为它强调德治，而不是法治，通过教育培养人的道德品质和德性比法律惩罚更有效。应当说，帕特—萨米尔教授对于儒家的评论角度独特，虽然表面上看来，儒家理论似乎缺乏西方文化的宗教、哲学、心理和法律维度，但也从另一方面证明一个真理，即儒家已经把西方文化中的上述功能有机地整合起来，倘若从这一整体中各个部分之间的有机联系角度思考性别关系，完全有可能提出不同于由西方自由主义、个人主义传统衍生出来的性别哲学理论。

冰岛大学的托盖尔斯多蒂尔·西格雷杜尔教授主要讨论女性和女性主义哲学思维进入主流哲学和人文科学领域的意义。她强调在西方所有的人文社科领域，哲学系是女教师比率最低的系之一。哲学课程的设置也凸显出男性思维和欧洲中心主义。因而，我们需要有更多的女性进入哲学世界，也需要进行跨国的性别哲学研究，以便打破由欧洲和白人男性主宰的哲学格局，使哲学变得更宽容、多彩和多元。如果哲学仅仅由男性主宰，它便不理解什么是人和人性，而对于女性来说，哲学意味着一个人的见识和思想解放，如果没有这种解放，也就不存在真正的妇女解放。她还谈到古老的哲学经典（canon），提出"谁的理论可以成为经典，以及为什么"的问题，认为尽管女性在历史上对哲学作出许多贡献，但传统哲学教科书却没有提及她们，所以我们需要重新发掘女性的哲学贡献，不仅需要短期的性别哲学培训工作，也需要有长期的性别哲学发展计划。

我最后也与大家交流了自己对于性别哲学中国化问题的思考，指出当我们以西方女性主义哲学发展作为一面镜子反观中国传统哲学理论以及当代中国社会问题时，虽然能够更多地看到以往习以为常的许多观念和行为是成问题的，但问题的最终解决却需要返回到中国文化和哲学思维背景中来。任何文化的传入都是一个双向变异的过程，中国的性别哲学研究不仅需要新的理论范式、体系和概念，也需要对原有概念进行新的改造，例如女性主义关怀伦理学和儒家都谈论"关怀"，我们应当思考的问题是，如何在当代的道德理论和性别哲学发展中，阐释一个"儒式新关怀"的概念，既继承又不同于传统的儒家"关怀"，也在文化背景上与西方女性主义的"关怀"区分开来。

哲学发问叩响女学之门

女性学研究起源于哲学社会科学，而哲学对于女性学的学科建设来说具有基础性意义。法国女性主义哲学家托莉·莫娃认为："一个人必须质疑和困扰的实际上是哲学话语，因为它为所有其他话语制定了规则，因为它构成话语的话语。"可以说，女性学研究问题的提出、概念的提炼以及理论体系的建立都仰仗于具有普遍性和概括性的哲学思维，哲学始终是女性学发展更深层和更久远的理论资源。尽管人们对于什么是哲学的争论与哲学的历史一样漫长，但许多人都会赞同一种说法：与其说哲学是一种知识体系，不如说它是一种思维方式。哲学督促人们不停地怀疑性发问，并通过这种发问开拓出更大的思维空间，思考解决问题的各种可能性，对于实现这些可能性的憧憬和尝试也总让人满怀希望，不由自主地投身到改变现实的实践中来。针对女性学研究而言，哲学发问大体上有三个步骤。

一、问题意识或导向

女性学研究的第一步需要有问题意识或导向。女性主义和女性学都有鲜明的追求平等和公正，尤其是性别平等和公正的政治初衷，女性主义运动及其思潮也与时俱进地呈现出女性各种政治诉求。这正如女性主义学者卡罗琳·拉曼赞格鲁所言，"女性主义是一种不稳定的知识、政治和实践活动，它是基于女性不分社会阶层所具有的共同政治利益意识，以及某种一致的改变不公正性别关系的行动"。也正因为如此，基于女性主义思维形成的女性学无疑地具有应用哲学的学科性质，要针对女性和不同的社会现实发问，这些发问并不意味着要放弃对于哲学本体论、认识论和形而上学以及哲学和伦理思想史的研究，而旨在强调这些"纯粹的"理论研究要始终服务于它们所指向的和意欲解决的"问题"。哲学从来就不是中立的，因而女性学研究者始终可以在不同时空中追问"谁的哲学"以及"为什么人的哲学"问题。当代中国女性学研究的哲学发问或许有两个出发点：

第一，从身边的不公正开始。美国女性主义政治哲学家南茜·弗雷泽认为，人类迄今为止都生活在"不公正"的时代里。显而易见，从政治哲学和伦理学角度审视，当代社会最突出的问题也是"不公正"，这就为女性学研究造就一个哲学发问的历史机遇：借助于性别的透视镜，人们会发现许多早已习以为常的现象实际上是关乎"不公正"的问题，女性学研究就是要针对这些"不公正"进行哲学发问和探讨，例如研究性别公正、环境公正、医疗卫生保健资源分配公正、教育公正，以及女性公平参政和就业等问题。女性学的发展和创新恰恰来自这些发问和由此而来的深刻哲学思考。滴水穿石，久而久之，这些研究自然会松动"父权制"的哲学基石，摧毁那些哲学遗老遗少们抱守残缺的"疆域"和"领地"，带来哲学思维和人类社会的积极改变。

第二，从女性的体验发问。女性主义强调"个人是政治的"，认为每一个人类主体都是处于多种权力和身份关系之中的差异的、具体的社会存在。然而，在女性主义生命伦理学家苏珊·舍温看来，尽管个体女性特有的体验非常重要，构成女性主义哲学的社会基础，但它们却无法构成哲学或者方法论。女性主义更需要关注个体女性体验的政治意义，不仅要提供新的真理，更应当锻造新的思维方式。

二、概念的建构

女性学研究的第二步是针对问题建构哲学概念。仅仅发现问题是远远不够的，如果深入研究问题的根源、本质和解决途径，便需要有相应的理论概括，要求有能够概括问题的概念。由于人们之间的差异和理论出发点不同，所进行的概括、所提出的概念也不同，同一个问题也可以有不同的概念，同一概念亦可有多样性和差异性的解释，但唯一相同的是解决问题的目标是一致的。黑格尔主张"每一哲学都是它的时代的哲学……它只能满足那适合于它的时代的要求和兴趣"。因而，每一个哲学概念的产生都会针对某个或多个亟待解决的问题。事实上，女性主义思潮、女性主义哲学和女性学都是由不同的概念架构起来的，例如社会性别、女性主义、家庭暴力、性骚扰、易受伤害性、自主性、女性身份与权利等的提出都是通过哲学发问和概括建构起来的概念。

当代美国实用主义哲学家希拉里·普特南指出，人类依靠概念系统进行的一切智力活动都有价值因素参加，道德价值关系到对于经验事实的观察、总结和描述，因此也具有客观真理性。科学和伦理学两种范式有着共同的价值预设："合理的可接受性"，但伦理学或者道德的客观性只能在文化内部加以理解，特定的文化为道德善提供合理的、可接受的标准。因而，女性学研究所提出的各种概念也体现出女性主义价值观。当代中国女性学发展无疑地具有三个理论概念来源：首先是马克思主义妇女理论，因为"当代中国哲学社会科学是以马克思主义进入我国为起点的，是在马克思主义指导下逐步发展起来的"。其次是中华民族优秀的传统文化资源。例如，女性学需要重新考察和解说传统哲学中的"阴阳""仁""道""兼爱""法"以及"和"等概念，不仅为我所用，也为当代世界女性学发展作出独特的文化贡献。再次是借鉴国外哲学社会科学的资源。这需要有人做大量艰苦的翻译和解释工作，通过筛选、批评和分析，把国外有影响的一些女性思想家、女性主义哲学家的理论引进到中国，用于概括、建构和探讨中国社会和女性在发展中所面临的相似或不同的问题。在这种概念建构中，最为重要的是打造体现出中国文化，反映中国社会现实和女性发展现状及问题的"标识性"概念，并以这些概念平等地加入到与国际女性学界的交流和对话之中。

三、基于概念发展理论体系

不同的概念所应用的哲学方法论不同，从不同的概念出发亦可产生不同的女性学理论体系。尽管女性学理论发展会呈现出开放的、多元的和百花齐放的局面，但不同的理论体系都有一个共同的本质——性别或女性主义导向。

哲学本质上是一种批判性思维活动，它以反思的方式思考哲学本身和人类的现实生活。美国哲学学会把批判性思维定义为"有目的的、自我校准的判断。这种判断导致解释、分析、评估、推论以及对判断赖以存在的证据、概念、方法、标准或语境的说明"。哈贝马斯也把批判性思维视为

"解放性学习"，即要求人们把自己从被他人、制度或环境的强制支配中解放出来，学会洞察新的发展趋势。从这一意义上说，女性学理论体系的发展需要基于这种"批判性思维"，把改变多重的等级制，改变人的观念与知识体系，消除性别和人类不平等，追求社会和谐作为奋斗的目标。同时，还是由于女性学的政治初衷和应用学科性质，它的发展并不把建设完美的理论体系作为目标，而是要让各种理论始终服务于社会和女性发展的实践，这就需要通过实践来检验所发现和提出的问题是否有现实意义，所建构的概念是否准确地把握了被发现、被发问的问题，基于这些问题和概念所发展起来的理论体系能否为解决这些现实问题提供思路和途径。

总之，女性学研究通过上述三个步骤的哲学发问把现实与理论以及相关的社会政策联系起来，呈现出一种能动的、自我修复的、循环往复的螺旋式上升态势，而这或许就是促进当代中国女性学健康成长的一条必由之路。

以创新引领女性发展

我国国民经济和社会发展第十三个五年规划纲要提出创新发展的理念——创新、协调、绿色、开放、共享。其中，创新是引领发展的原动力，协调是持续健康发展的内在要求，绿色是永续发展的必要条件和人民对美好生活追求的重要体现，开放是国家繁荣发展的必由之路，而共享是中国特色社会主义的本质要求。在总结社会主义初级阶段发展这个最大的国情时，习近平总书记也作出一种重要判断："我国发展站到了新的历史起点上，中国特色社会主义进入新的发展阶段。"

何为创新发展？古希腊哲学家赫拉克利特有句名言"太阳每天都是新的"，强调世界上没有任何东西是不动和不变的，变化是自然和人类历史的发展规律。《礼记·大学》中的"苟日新，日日新，又日新"同样也让人意识到变化和创新发展的必然性、连续性和永恒性。伟大的德国古典哲学家康德曾这样表达自己毕生的追求："有两种东西，我们愈时常、愈反复加以思维，它们就给人心灌注了时时在翻新、有加无已的赞叹和敬畏：头上的星空和内心的道德法则。"著名思想家何兆武老先生曾建议说，应当把"时时在翻新"译为"日新又新"。由此可见，创新发展体现出人类有史以来对"变化"和"新"的渴望，它既是一种古老的哲学理念，也凝聚着一代又一代人的希望和梦想，流淌在每一个人的血脉之中，成为人们生命的支柱和原动力。在当代社会，创新也是引领中国女性发展的原动力，在追求实现"十三五"时期发展目标的过程中，中国女性发展也需要在理论、制度、科技和文化创新等方面的创新。

首先是理论创新发展。当代中国社会及中国女性的发展并不是自发的和盲目的，必须有正确的理论和思想观念为指导，需要理论创新的牵引，因为只有这种理论创新发展才能为中国女性发展提供广阔的思维空间和现实可能性。毫无疑问，中国女性发展必须以马克思主义理论和马克思主义妇女观为指导进行理论创新。马克思主义妇女观从历史唯物主义视角阐释女性解放问题，强调女性被压迫现象伴随私有制产生而产生，也必将随着私有制的消亡而消亡。同时也强调男女具有平等的权利和地位，鼓励女性参与到社会生产劳动中，认为这是女性解放的先决条件，并相信女性解放是一个历史过程，女性解放受到生产力和生产关系发展以及上层建筑的制约，也正由于如此，女性地位便成为衡量人类普遍解放和社会文明程度的标志和尺度。在中国特色社会主义建设中，男女平等是一个基本国策，而落实这一国策的实践既需要理论指导，也需要通过实践推动理论创新。如果说"一个民族要站在科学的高峰，就一刻也离不开理论思维，一个政党要站在时代的前列，就一刻也离不开理论创新"的话，中国女性发展也必须有自己的理论指导，并根据中国女性在生存和发展中遇到的各种实践问题不断地进行理论创新，形成一整套与西方女性主义理论不同的，以马克思主义理论和马克思主义妇女观为指导的理论体系。从这一意义上说，中国妇女运动正在经历一个伟大的时代，它要求当代中国女性团结起来，共同开创中国特色的女性解放理论，披荆斩棘地探索出一条独特而史无前例的女性发展道路。

其次是制度创新发展。根据历史唯物主义基本原理，一个国家和民族的崛起取决于制度创新的力度。显而易见，没有完善的制度为依托，任何创新都无法获得持久和稳定的保障。中国特色社会主义发展需要不仅要体现出制度上的优越性，也需要以制度创新发展来推动。相应地，中国女性发展也需要以制度创新来保障和推动。事实上，中华人民共和国成立以来，中国女性的发展进步一直都是通过社会主义制度来倡导和推动的。例如《中华人民共和国妇女权益保障法》是为了保障女性的合法权益，促进男女平等，充分发挥女性在社会主义现代化建设中的作用，根据宪法和中国国情制定的。1992年4月3日由第七届全国人民代表大会第五次会议通过，自1992年10月1日起施行。2005年8月28日，第十届全国人民代表大会常务委员会第十七次会议上又通过了对这一法律的修改，进一步强调女性在政治、经济、文化以及社会和家庭生活中享有同男性平等的权利。"实行男女平等是国家的基本国策。国家采取必要措施，逐步完善保障女性权益的各项制度，消除对女性一切形式的歧视。""国家保护女性依法享有的特殊权益"，以及"禁止歧视、虐待、遗弃、残害女性"。同时也增加一项新条款，即由"国务院制定中国女性发展纲要，并将其纳入国民经济和社会发展规划"。由此可见，中国女性发展和男女平等都是通过法律和制度来推动的。然而，人们也需要清醒地意识到，任何制度都需要不断地通过创新来建设和完善，而且，任何制度的创新发展的目标并不是制度本身，而是始终需要服务于这一制度建立的初衷和所服务的目标人群。而当代中国女性发展的实践会为这种制度创新提供新问题、新理念和新思想，使之能够始终坚守为广大人民群众服务，为中国女性发展服务的终极目标。

再次是科技创新发展。从中国女性发展角度来说，科技创新发展主要体现为两个方面，其一是通过科技创新来推动中国女性发展，以科学技术的新发展来为女性身心健康服务，例如通过生物医学科学技术发展满足女性日益增长的健康需求，通过计算机和新媒体技术的发展促进女性科技能力的发展等。其二是促使更多的女性进入科技人才队伍，为科技创新发展做出贡献。从 2011 年年初开始，科技部和全国妇联便着手开展女性科技人才队伍建设的战略研究，围绕着《国家中长期科学技术发展规划（2006—2020 年）》《国家中长期人才发展规划纲要（2010—2020 年）》和《中国女性发展纲要（2011—2020）》，探讨女性科技人才队伍建设的政策和措施，为女性作为科技人才的创新发展提供更多的机会，搭建更大的平台。

最后是文化创新发展。文化创新无疑是中国女性发展的软实力。文化在人的行为和思想理念以及综合素质培育中起到关键作用。打造中国特色的性别文化是一个长期和艰巨的任务。20 世纪 80 年代末的后现代女性主义者琼·斯科特（Joan W. Scott）看到，社会关系组织的变化总是与权力关系变化同步进行，作为社会关系的一个成分，社会性别具有四个相关的因素：与文化象征相关；与对象征意义作出解释的规范相关；与社会组织和机构形式相关；与主体的认同相关。因而，社会性别既是一种制度安排，也是一种与文化息息相关的社会关系形式，性别文化总会以大众喜闻乐见的形式传递着某种价值观和行为标准，以及在其中起着基础作用的制度安排。先进的性别文化无疑也是推动中国女性发展的关键因素。

中国正经历着有史以来最为广泛而深刻的社会变革，正进行着人类历史上最为宏大而独特的实践创新。习近平总书记在 2013 年 10 月 21 日欧美同学会成立一百周年庆祝大会上的讲话中指出："创新是一个民族进步的灵魂，是一个国家兴旺发达的不竭动力，也是中华民族最深沉的民族禀赋。在激烈的国际竞争中，惟创新者进，惟创新者强，惟创新者胜。"也正是从这一意义上说，唯有创新发展才能让中国女性取得更大的进步、更为强大，不断地从胜利走向胜利。

在碎片化世界里放飞梦想

女性主义哲学被许多学者归结到后现代主义哲学中，不仅由于它的批判性和颠覆性，也因为它的多元性和变幻性。2017年6月16—17日，在柏林自由大学性别研究中心举办了一次小型学术讨论会。会议组织者苏珊·莱托（Susanne Lettow）教授把这次讨论会命名为"女性主义多样性未来：在碎片化世界里的挑战、矛盾和乌托邦"。我问她为何使用"乌托邦"一词，因为在中国学者眼中，乌托邦常常与幻想尤其是空想社会主义联系在一起，她说在德国乌托邦的意义是正面的，说明人们有梦想，并愿意为之付出努力。

这次讨论会举办的目的是为2018年将在中国召开的"国际女哲学家学会第17届研讨会"做学术和工作准备，因此发言者大都是"国际女哲学家学会"（The International Association of Women Philosophers，IAPh）理事会成员，每个人可以讲45分钟，以便能更充分地展示自己的研究，引发深入讨论。

荷兰阿姆斯特丹自由大学的安妮米·霍尔塞马（Annemie Halsema）的发言很有新意，她基于女性主义主义现象学，从"客体化"（objectification）概念入手讨论"性/性别差异"问题。她看到，在当代哲学中性（sexuality）通常与道德相关联。性问题也是女性主义哲学的主题，但学者们大多从负面把它推向极端，例如强调色情、性暴力、强暴、性骚扰、性剥削，以及女性的客体化。然而，当代现象学思想家，例如萨特、波伏瓦、庞蒂和伊丽格瑞等人对于性问题的看法却不同。霍尔塞马试图强调现象学能对性问题的道德讨论作出贡献，否则人们便难以意识到性问题的特殊性，甚至拒绝讨论这一问题。

纵观西方伦理思想史，康德是一位对性持反对态度的典型代表，在他看来，在性关系中，一个人被客体化了，成为另一个人的爱欲对象。而在女性主义分析中，这个被客体化的人通常是女性，因而一些女性主义学者，如麦金农、纳斯鲍姆等人主张用康德的客体化概念批评色情和性压迫。然而霍尔塞马看法却不同，认为基于对性体验的现象学分析，不能把客观化看成性的本质特性，客体化也并非特指针对女性的欲望，它实际上是男女双方的共同体验。20世纪以来，关于身体的哲学讨论呈现出两个趋向：现象学和女性主义理论。从前者来说，性严格说来不只是身体性的，或者仅仅关乎生殖器官。它是一种意向性（intentionality），不仅指有特殊的意愿和内在目的，也代表意识与世界之间的关联，包括以某种特有方式意识到某物，这种意向性可以把某人感知为性吸引力。当人们发现某人有性吸引力时，便会赋予他／她性的意义，描述出性的场景。在性行为中，一个人通过欲望和爱而存在。性欲望实际上是对某人赋予特殊的意义，是一种能把世界改变成性与性别世界的奇迹。性欲能够渗透到整个人的知觉之中，在这种情况下人们才对爱人敞开身体，形成互为主体性（intersubjectivity）。女性主义理论更多地讨论缘身性和与身体相关的身份问题，例如性别、老龄和种族问题等等。然而，女性主义现象学的身体观有其自己的独创性，例如波伏瓦认为性是一种主体间性的体验，性关系不能根据主体与客体、主体与主体的模式来解释，而是包括了不同的可能性。这种关系并不必然采取主奴模式，并能使双方获得快乐。

仔细想来，霍尔塞马的研究代表着女性主义哲学超越传统父权制思维的进步，这至少体现在三个方面：其一，不再以主客体关系以及客体化概念阐释性关系，而代之以主体间性，并对这一概念赋予新理解，即它不是人们通常理解的主体与主体之间的关系。其二，不再如同女性主义理论发展初期那样，把性问题推到负面极端，而是试图对它进行更为丰满、多面性的分析。其三，不再避讳对于性问题的讨论。对于当代女性主义学者来说，性与性别关系是最基本的人际关系，也是人类关系的雏形，性在女性主义哲学中具有支点意义，以此出发进行思考会带来许多观念上的改变。

提问环节我给霍尔塞马提出一个问题，认为也不能一概否认使用"客体化"概念分析性关系，因为它有利于解释和分析针对女性的性压迫和性暴力。在某种意义上说，她所研究的是一种理想的、没有性别压迫的性关系，人们能通过这种关系自由地呈现自身，彼此分享快乐，既是独立的个体，又是完整的结合体。她思索片刻回应我说："这的确是一个有待思考的重要问题。"并表示自己会从这个角度进行进一步思考。事实上，我本人的研究甚至整个女性主义哲学发展也会遇到相似的问题——我们在一个破碎不堪和不平等的世界中生存，仰望星空畅想美好的明天和未来……有时，这种形而上学的超越让我们激动不已，瞬间忘却更为艰难的工作是如何铺设通往美好明天的道路。

德国自由大学苏珊·莱托教授发言的题目是"重新思考解放：主体性、主宰与时间"。她认为在政治语言和理论中，"解放"是一个最模糊的概念，它既关乎克服所有形式主宰的希望，也关乎模糊的理性、进步、平等和自由概念，以及与之伴随的未尽的乌托邦。莱托试图借用被称为20世纪最重要的历史学家、德国学者莱因哈特·科塞雷克（Reinhart Koselleck）的概念史研究方法阐释当代女性主义理论中的解放概念。科塞雷克认为，概念是一个能捕捉到多种含义的观念，它所表达的意思取决于被使用的语境。他认为解放概念的三个历史发展有助于形成当代的解放概念：一是把解放反思性理解为自我解放，二是把解放概念政治化（politicalization），三是把解放理解为暂时性（temporalization）概念。相应地，莱托也从主体性、主宰和时间三个维度讨论当代女性主义理论中的解放概念。她批评了仅仅基于进步、主体性、理性来理解解放的哲学传统，并引用女性主义哲学家温蒂·布朗的观点说这等于"在一个破碎的现代叙事中变出未来解放的戏法"。她还引用弗雷泽的理论强调，解放是一种超越新自由主义市场化和国家父权制的政治策略。为此，莱托也建议当代女性主义理论重新阐释权力与主宰，以便克服各种性别主宰形式被文化化（culturalization）和种族化（racialization）的趋向，认为一种未来趋向的解放概念应当被重新塑造，以免回归到线性的历史概念中。莱托的研究也让我想到，在那些最常见的、人们似乎已经习以为常的概念中存在着许多需要深入讨论的问题，例如，如果说女性主义奋斗的目标是"女性解放"，而依据后现代主义思维，这种"女性解放"中存在诸多争议，如什么是女性？如何理解解放？解放在不同的历史时期和文化中有什么含义？人类是否有一个统一的解放目标？我们对于人类未来的"解放"有什么期待？表面上看去，哲学把许多简单问题复杂化，甚至有人会以为哲学家的日常工作就是无中生有地制造困境和矛盾，但深入思考后人们便不能否认，问题的发现和解决、概念的提出和澄清的确需要进行哲学分析，这或许就是女性主义哲学发展的主要目的。

令人高兴的是，我提议把 2018 年在中国召开的"国际女哲学家学会第 17 届研讨会"命名为"全球化时代的女性与哲学：历史、现在与未来"，立即得到理事会成员的一致认可。

三、文化、体验与教育

被压迫者教育学

保罗·弗莱雷（Paulo Freire，1921—1997）为巴西教育学家，被誉为"20世纪最杰出的教育思想家"，"或许是近半个世纪之内世界上最著名的教育家"。他的代表作《被压迫者教育学》自1970年出版以来，已经再版了20余次，仅英文版本就发行了75万多册，被译成多种文字，成为当代社会试图联系社会变化思考教育的人们的一本必读书，也是目前被引用最多的教育文献之一，在拉美、非洲和亚洲社会更是如此。

他的理论基点是：每一个人都有一种使命，即成为对于这一世界作出反应并改造世界的主体。世界不是一个封闭的、静态的体系，而是不断变动和开放的系统，每一个人都有权利命名和改造这个世界，克服其中非人性化的东西。教育的目的在于培养人们的批判精神和改造世界的能力，它是一种自由的实践活动。

弗莱雷从"被压迫者"立场出发思考教育以及教育学理论，认为教育、教育者以及我们每一个人都有使命批评和扭转历史以及现实世界的"非人性化"局面。在他看来，人性一直是人类的中心问题，在历史与现实中，人性化和非人性化都有可能出现。非人性化扭曲了人的使命，它不仅表现在人性丧失的人们身上，也体现在使人丧失人性的人们身上。因而，不论是个人还是民族，都要争取人性的解放。被压迫者教育学让被压迫者去反思压迫及其根源，并能够投身于争取解放的斗争中去。它作为一种手段，向人们揭露出这样一个事实，即被压迫者和压迫者都是非人性化的表现形式。而解放就是生育——是痛苦的生育，人们在这一过程中成为新人，以所有人的人性化取代了压迫者和被压迫者这一对矛盾。我们应当追求一个没有压迫者，也没有被压迫者，而只有正在获得自由过程中的人们的世界。被压迫者教育学的历史任务分为两个阶段：第一阶段是揭露压迫世界，并通过实践投身于改造压迫世界；第二阶段压迫现实已经被改造，这种教育学就不再属于被压迫者，而成为永久解放过程中所有人的教育学。

从"被压迫者"立场出发思考教育，首先要关注到师生关系。弗莱雷对灌输式教育进行了尖锐的批评，认为这种教育模式反映出压迫社会的特点，其基本特征是讲解，教师是讲解人，学生是倾听教师灌输的"容器"，学生在整个过程中都是被动的："1.教师教，学生被教；2.教师无所不知，学生一无所知；3.教师思考，学生被考虑；4.教师讲，学生听——温顺地听；5.教师制订纪律，学生遵守纪律；6.教师做出选择并将选择强加于学生，学生唯命是从；7.教师作出行动，学生则幻想通过教师的行动而行动；8.教师选择学习内容，学生（没人征求其意见）适应学习内容；9.教师把自己作为学生自由的对立面而建立起来的专业权威与知识权威混为一谈；10.教师是学习过程的主体，而学生是纯粹的客体。"按照这种教学法，学生对灌输知识存储得越多，就越不能培养其作为世界改造者对世界进行干预而产生的批判意识。"隐含在灌输式教育背后的是人与世界可以分离的假设：人仅仅是存在于世界中，而不是与世界或其他人一起发展；个人是旁观者，而不是创造者。由此看来，人不是意识的存在，确切地说，是意识的拥有者而已：空洞的'头脑'被动地接收着来自外部现实世界的存储信息。"[①] 因而，弗莱雷认为教育必须从解决师生这对矛盾开始，师生应当互动，互为师生，只有通过交流，人的生活才有意义，只有通过学生思考的真实性，才能证实教师思考的真实性。真正的思考只能在交流中产生。

[①] ［巴西］保罗·弗莱雷：《被压迫者教育学》，顾建新等译，华东师范大学出版社 2001 年版，第 25—26、27—28 页。

进而，弗莱雷也着重强调对话而不是一言堂教学的意义，认为教学活动并非是一个人对另一个人采取行动，而是互相合作一起工作。对他而言，对话并不能被理解成一种教育策略，而是体现出一种认识论关系，对话是学习和认识过程不可缺少的组成部分。对话是一种交流，没有它就没有真正的教育。对话使人们都能够用真实的词来改造世界，有人性地活着，而在一个剥夺了他人发言权的规定行为中，无论是压迫者还是被压迫者都不能真实地表达自己。对话有几个前提条件：其一，对话应当有爱，缺乏对世界、对人的挚爱，对话就不能存在。爱是对话的基础，同时也是对话本身。爱意味着对他人的责任，而只有打破压迫局面，才能重新获得爱。其二，对话需要谦虚的态度。如果缺乏这种态度，对话就会破裂。其三，对话需要彼此的信任。这种信任也是通过对话建立起来的。其四，对话不能离开希望。希望与对话同在，希望扎根于人性的不完善之中，人必须通过探索摆脱不完善，而这种探索只能在人与人的沟通中实现。其五，对话者需要具有批判性思维。批判性思维只能在思维对话中才能产生。

在对话的基础上，弗莱雷还强调实践教育的意义。在他看来，人类活动是由行动和反思构成的，实践就是对世界的改造，就是以群体和个体的行为改造非人性化的现实，解放行动的本质也具有对话的特征，对话必须与实践活动同时进行。对话的目的不仅在于更为深入地理解世界，更在于改变世界。弗莱雷主张把教育行为置于人们的日常实践中，为人们的实践开辟各种可能性。

无疑地，弗莱雷的"被压迫者教育学"具有重要的意义。其一，便是他的理论体现出鲜明的反殖民主义和后殖民主义精神。弗莱雷认为，压迫者为了压迫需要一套压迫行动的理论，同样，被压迫者为了获得自由也需要一套行动理论。而他的理论宗旨在于为第三世界的人们提供反对压迫、争取自由解放的理论武器。其二，他的教育学贯穿一种阶级分析的方法，他把阶级当成分析和理解压迫状态的重要范畴，为被压迫者伸张正义，呼吁平等权利。但他并不主张通过单一的因素来分析社会的做法，而是主张结合诸如种族、阶级、文化、语言以及社会地位等多种因素进行分析。世界上并没有价值中立的教育，因而弗莱雷的这种分析方法具有重要的时代意义。其三，他以"被压迫者"的立场分析历史、现实和教育，揭露出其中许多非人性化的事实，并把扭转这种局面当成教育的使命，号召人们投身到改造压迫世界的革命实践中去。这种呼唤不仅是对民主教育的呼声，也是对一个人人都获得平等权利的理想人类社会的追求。其四，弗莱雷特别重视对于师生关系的研究，对灌输式教育进行尖锐的批评。这种批评对于当代教育模式的改革具有重要的启示。其五，弗莱雷也十分重视对话式教学的意义。他的教育学也是希望教育学，其意义在于培养学生改变世界的意识和能力。

重新思考青少年道德发展

卡罗尔·吉利根无疑是当代最有影响的女性主义心理学家，她开创的女性主义关怀伦理学近30年来已经对人文社会科学产生巨大的影响。她1982年出版的著作《不同的声音：心理学理论与妇女发展》早已成为国际畅销书，被译成多种语言，亦引起莫大的争议，以至于本书被《牛津哲学辞典》称为当代女性主义理论中最有影响和争议的著作。十分有趣的是，仅仅是对这本书的名字翻译，就足以引发歧义。意大利帕多瓦大学哲学系的科罗拉多教授告诉我，其意大利版本被译成"妇女的声音"而不是"不同的声音"。这看起来顺理成章，因为吉利根的确在书中讨论的是"妇女的声音"，但深究起来，吉利根却想探讨"不同的声音"，尽管这种声音来自历史上一直被忽视的女性体验，但它却可以是两性的声音、女性主义的声音。意大利版本的译法显然混淆了"女性"与"女性主义"的不同，以及"妇女的声音"与

"不同的声音"，之间的差异。联想到自己的中译本，我也在思考如果我当时再加一个"以"字，变成"以不同的声音"，是否更符合吉利根的本意呢？想来还是有些汗颜，从英文字面上看，不同的译法似乎都正确，但这些看上去仅仅是一字之差的"正确"可能导致谬之千里的理解和根本性错误，翻译无小事，需要慎之又慎。

如果说"不同的声音"主要是讨论女性的道德发展问题，并由此提出"关怀伦理学"理论的话，那么吉利根等人1988年编辑出版的《描绘道德的版图：女性思考对于心理学理论和教育的贡献》一书则更多地分析青少年的道德发展问题，吉利根想通过对于女孩和女性的研究，又一次让人们听到关于青少年的道德发展的"不同的声音"。这本著作一共收集13篇论文，包括"导言"在内有3篇为吉利根本人独立完成，还有4篇是她与其他学者合作完成。该书反映了吉利根在《不同的声音》之后对相关研究的深化和细化，也可以看到她对于人们的评论和批评作出的一些回应。在她的理论发展中，该书同样是一部扛鼎之作。

《描绘道德的版图》一书涉及许多重要问题，但吉利根最为关注的是如何重新思考青少年的道德发展问题。她认为这样做有四个理由：

其一是我们对童年的认识已经发生变化。青春期是道德教育的关键时期，也是从童年到成年的过渡时期，所以研究个体青春期发展的关键是考察童年和青春期后的成年。吉利根提到一个有趣的研究新发现，即幼儿期和童年早期的孩子比人们想象的更善于"社交"。一些儿童心理学家，如丹尼尔·斯坦和杰罗姆·卡根等人观察到，先前人们认为这个年龄段的婴儿只会自己玩耍，或者由大人逗他们玩，但新的研究却发现，即便9个月大的孩子也喜欢大人对他们的行为作出反应而不是模仿他们，婴儿也可以主动与他人保持关系和进行社交活动，能够区分出不同的照看者，在与这些人发生关系时也是多主题和变化性的。吉利根认为这一发现实际上拓展了我们对于人类感知能力的理解，心理学家习惯于用语言解释自我与他人、人与环境的关系，这种心理学语言始终被分离所主宰。然而，如果在自然状态下重新观察儿童的行为，抛去已有理论的羁绊，便会发现儿童有强烈的与他人交往的意识和道德的天性，能够感受到他人的需求并试图作出回应，对于分离也会很伤心，很痛苦，多年后依旧能记住自己的朋友。这些都表明，人在童年早期便已经具有社会性回应和道德关切的行为，但到了青春期这些品质的缺失却实在是件诡异的事情。我想吉利根想暗示的是：我们应当检讨青少年心理发展的理论和道德教育的过程，看问题究竟出在哪里。而她找到的一条进路是研究青春期女孩对于分离的抵制，在这里，吉利根似乎为在《不同的声音》中所论述的，来自女性体验的关怀伦理找寻更早的起源，儿童期与他人交往的能力和道德天性或许就是个体和人类"关怀"的最初来源，而以男性思维构建的西方文化和青少年道德发展理论却把"分离"和"自主"作为发展的标识，使青少年渐渐地失去人性中原初的、最温柔的部分，好在女孩身上还有抵制这种分离的力量，因此关注女孩的道德发展或许是人性回归的希望。

其二是在相关青少年发展文献中对女孩研究的缺失。吉利根由此提出一个问题：这种研究缺失业已带来什么样的疏漏？答案显然是忽略了关系。这一结论也被一些研究女性和女孩的学者所证实，例如研究女性青少年犯罪的人们发现，在这些少年犯所讲述的体验故事中充满了"绝望"和"孤独"。这就表明每个青春期的女孩都对依赖具有强烈的需要，失去交往能力和关系便意味着自我的迷失。吉利根敏感地意识到，如果要研究青少年的道德发展，就必须重新思考"发展""自我"和"关系""认同"等心理学概念，尤其是重新思考关于"性别差异"的研究，试想，如果对于女孩和女性都不能有一种切合实际的认知，那么所谓的"性别差异"研究也是令人难以置信的。

其三是认知的发展和对于认知的界定，包括对于什么是认识和思考的解释。从20世纪50年代末期起，美国便十分关注数学和科学教育，把其看成赶超前苏联"人造卫星"成就的一种努力。到了60年代早期，皮亚杰理论的复苏又为这一理论提供了心理学基础，因为在皮亚杰看来，认知发展等同于数学和科学思维的发展。这种认知发展观表达一种看法，即人生活在永恒的抽象准则世界里。没有必要学习历史、语言或写作知识，关注艺术和音乐。在吉利根看来，皮亚杰心理学理论的盛行与 20 世纪 60 年代到 80 年代之间人文学科在美国中学不被关注不无关联，这导致在一个永恒的"批判性思考"世界里，人们无法用语言准确地阐释事物，因为语言被认为与知识没有必然的联系。为了摆脱这种人文学科的可悲境地，一些学者也在努力证明人文学科对于分析数学和科学推理的重要价值。因而，吉利根指出，为了塑造有人文和道德情怀的合格公民，必须重新思考青少年的道德发展问题。

其四是对于人类事物的非历史性关注是重新思考青少年道德发展的另一个理由。以往的心理学家过于关注个体性、自主性和分离，把自足作为成年和成熟的标志，而在吉利根看来，这种观点与人类的条件并不相符，也无法满足为养育子女和培养公民所必需的承诺和人际关系。那种把发展等同于分离，把成熟等同于独立的假设预示着代际关系的断裂，带来一种把人类体验与历史时空割离的风险，所以我们必须重新思考青少年的道德发展问题。

吉利根也看到，只有通过更好地认识和理解女性，才有可能改变对于男女两性道德发展的描述，而且必须重视对于青少年的人文教育，唤回由于西方文化过分地强调分离、独立、自主和个体性而渐行渐远的，来自童年期的与他人交往的愿望和能力，以及对他人需要作出社会性回应的道德天性。这样做的理由很简单，因为人世不仅需要冷静的理性，更需要相互关怀的温情。

"以暴制暴"能避免美国校园枪击案吗?

美国的校园似乎永远都不会平静,不时地报道出枪击案,2018年从年初截至2月15日,便已经发生18起校园枪击事件。2018年2月14日,美国佛罗里达州南部布劳沃德县一所高中又发生一起枪击案,造成17人死亡。第一响枪声之后约2小时,警员方才成功制服杀手。警方指控杀手是国家少年后备军训练团成员,据称他因为同学关系被学校开除而心生怨恨。无辜受害者的鲜血再度引发学生和民众大规模的街头抗议活动和对于"枪支管控"问题的激烈争论。

2月21日,特朗普在白宫举行的一次聆听会又把这一争论推向高潮,这次会议的主题是"公开讨论如何保证学生的安全",参加者有来自佛罗里达校园枪击案中的幸存者及其父母、华盛顿地区3所学校的学生和家长、2012年康涅狄格州桑迪胡克小学和1999年科罗拉多州可伦拜高中枪击事件遇难者的家长代表。会上,针对接二连三发生的校园枪击案，特朗普提出一个令人匪夷所思的建议，方向并不是控枪或禁枪，而是让学校教师像飞行员一样隐蔽地配枪，以便"以暴制暴"，演绎出一个信念"枪杆子里面出安全"。"如果有一位擅长用枪的老师，他可以很快阻止枪击事件。""如果学校能武装20%的老师，他们就能阻止任何试图攻打学校的'疯子'。这些'疯子'实际上都是懦夫，专门在无枪区的校园制造血案，他们之所以这样有恃无恐，是因为知道不会有子弹还击。"这些看法似乎也不难理解，因为特朗普自称是持枪权的坚定拥护者，并持有"隐匿持枪证"。他还让聆听会与会者对这一建议举手表决，不难想象会人们会出现赞成和反对两种意见。

依据特朗普"以暴制暴"的这一逻辑，在美国控枪不仅没有希望，而且荷枪实弹会成为一种常态。在如今所有的无枪区，学校、医院、幼儿园、养老院、教堂等场所，都应当有一批训练有素、能够使枪弄棒的专业人员，老师上课时、牧师在祷告时，以及医生在出门诊时都要持枪。于是，幼儿园里天真的孩子、学校学生、患者，甚至耄耋老人都应当学着用枪来保护自己，形成全民持枪的局面。这样推理不是空穴来风和夸大其词，奥巴马当政时曾多次主张枪支管控，但均告失败。然而，特朗普上台以来，不仅白人，非洲裔和拉丁美洲裔美国人购枪的人数明显增多，而且在黑人顾客中女性居多。人们都希望用枪支来保护自己的生命，这导致美国的枪支暴力远远高于其他国家。而且英国《卫报》2016年还透露一组数据，美国成年人手中的枪支约有2.65亿支，差不多人手一支。但细思极恐的是：约78%的美国成人并不拥有任何枪支，枪支都掌握在22%的人手中，而在这些人当中，有3%的人拥有枪支总量的50%，几乎每人拥有17支枪。这就意味着枪支如同财富一样仅仅掌握在少数人手中，而大多数人却只能充当手无寸铁的受害者，这或许就是特朗普上台后黑人，尤其是黑人女性急于购枪的原因。

对于枪击案，特朗普还有另一种理解，他之所以称杀手为"疯子"和"懦夫"与这一理解不无关联，这一看法与反对控枪团体也是相同的，都认为枪支暴力泛滥缘于美国精神健康治疗不够普遍。不用别人，美国前总统奥巴马就曾对此批评说："美国不是一个垄断疯子的国家，精神疾病并不是美国独有。而且，我们大规模自相残杀的增长速度远比世界其他任何地方快。"显然，特朗普对枪击案提出的解决方案是聚焦学校安全与精神健康议题，无意提及枪支管制政策。然而，佛罗里达州枪击案受害者家长却在代表无数美国家长喊话总统："特朗普总统，你说你能做些什么？你可以阻止枪支落入这些孩子手中，你可以在学校所有出入口安装金属探测器……特朗普总统，拜托你做点什么。"据英国路透社2月22日报道，在这一震惊全美的枪击案后，美国数千名年轻人走向美国最大的控枪宣传组织，学习如何在控枪问题上发出自己的声音。控枪宣传组织"每个城市支持枪支安全"也表示，佛罗里达州枪击案之后，该组织已经成立了首个学生分支。

美国政府对于枪支管理的政策和态度涉及不同团体的利益和安全。如果美国3%的人拥有枪支总量的50%，那么可以想象这些人大多是富人，至少是有钱购买许多枪支弹药的人们。这样一来，相对贫困的人口，例如黑人、女性、孩子和老人等弱势群体便被置于他人的枪口之下。因而，特朗普所说的公民持枪权说到底是拥有财富者的持枪权，而不是广大民众的持枪权。借用一种女性主义伦理思维来分析，对一个社会政策分析时不仅要看政策制定者如何主张，而且要观察实施之后谁是受益者，谁在其中被边缘化。例如当地方政府制定一个政策为所有人平等地提供某项医疗保障时，实际上其中还是包含着不公正成分，因为对于富人来说，这项保障或许如同"鸡肋"，但对于穷人来说却是"杯水车薪"，这就是平等和公正之间的差异。同理，特朗普让每个人都有持枪权，最后还是能买得起、坑得起枪支的人们真正实现了这一权利。文艺复兴时期意大利政治哲学家马基雅维利曾说："在一个有武装者与没有武装者之间根本就没有平等可言。"因而，美国社会的不平等、不公正也体现在枪支拥有方面，而且枪支持有的不平等、不公正转而又进一步加剧社会不公正。

事实上，枪支管控也是一个古老的政治哲学问题。美国戴维森学院哲学教授兰斯·斯蒂尔分析说，"是国家应当拥有垄断武器权力，还是公民应当被赋权拥有武器"的问题本身便体现出不同政体之间的差异。依据君主制或者贵族制国家宪政，武器垄断权归国家所有。而在共和制宪法中，同一个社群中的所有人都是完全平等的公民。亚里士多德曾说：拥有武器的权利，连同拥有土地财产权，参与社群治理，以及担任公共职务权一并地构成共和制宪政下的完整公民资格。共和国公民必须手握武器，以便达到安内攘外的目的。古典自由主义接受了亚里士多德的这一理念，在公民特权和豁免权中包括了持有武器权利，而这便是美利坚合众国公民可以具有持枪权利的历史的政治理论，以及实践的由来。然而，历史是发展进步的，如今的美国毕竟不是亚里士多德所说的人人都需要持枪的共和时代，同时任何权利都需要由法律来提供，依据既定的法律程序进行规范和管制。这正如斯蒂尔所言，规范和管制阐释了权利，同时也限制了权利。没有这两者，权利就没有实际的价值，这也意味着美国人必须通过法律来决定持枪、控枪或禁枪。

面对接连发生的枪击案，受害者家属的悲愤，以及学生的街头抗议和呐喊，特朗普政府是应当做些什么了。"以暴制暴"肯定不是一个良策，这不，根据美国《华盛顿邮报》网站刚发布的报道，位于美国宾夕法尼亚州东北部山区一个小学官员对学生家长称，学校将不得不暂时停课并把学生安置在附近其他学校一天，以方便在学校附近的纽芬兰"世界和平大团结"教堂举行婚礼的众多夫妇。原来，这些即将喜结连理的夫妇计划集体携带 AR-15 步枪参加婚礼，而这种武器便是近期美国佛罗里达州高中枪击案中凶手使用的武器。

可以想象，倘若这种局面任其发展下去，美国社会的安全感确实令人堪忧，如今是特朗普总统该做点什么的时候了。

儒家主张男女平等吗？

　　在当代社会，如何推动儒家传统文化的"创造性转化和创新性发展"？在落实男女平等的基本国策中，如何面对儒家传统？这一传统与中国女性在封建社会被压迫的历史地位是否有关联，如何关联？从儒家传统中能否开辟出现代男女平等之道？这些问题都是探讨儒学的现代发展，建构新女学学科，汲取优秀传统文化推动女性发展的关键课题。为此，2017年9月29日，贵州孔学堂文化传播中心邀请四位嘉宾——中国人民大学哲学院院长姚新中教授、武汉大学哲学院院长吴根友教授、新加坡南阳理工大学哲学系主任李晨阳教授以及笔者，以"儒家传统思想与现代男女平等"为题，举办了一次别开生面的辩论会。

　　辩论会由姚新中教授主持，各位嘉宾分别围绕着本次辩论会的议题，以及主持人提出的问题阐述看法，形成思想的撞击。

一、"儒家传统思想与现代男女平等"的意义

与会嘉宾都认为这一辩题具有重要意义，是儒家传统文化走向现代和世界必须思考的问题。笔者认为这一辩题的意义体现在三个方面：首先，追求男女平等或者性别平等已经成为一种时代趋势，无论我们是否意识到，我们都生活在一个被妇女运动改造过以及正在改造着的世界里。其次，妇女运动与男女平等在理论和实践方面都与文化传统相关。儒家思想既是东方社会独特的价值观，也是中国人的文化基因和血脉，因而我们需要探讨儒家女性观及其影响，以独有的文化自信加入国际妇女运动潮流之中。同时也必须反思儒家文化，去其糟粕，取其精华，让其在促进当代中国女性发展，落实男女平等基本国策过程中发挥积极作用。再次，当代女性在生存和发展中面临许多现实问题，例如家庭暴力，婚恋矛盾，职场上的性别不平等，女博士被视为"第三种性别"，"妇女回家论"不断以各种新面目出现等等。究其根源，这些问题都反映出价值观念的冲突，主要呈现为传统封建"女德"与现代男女平等观念之间的冲突。有一次，在听完一位瑞典政治家的讲座后，笔者提问说："妇女运动为你们国家带来的最大改变是什么？"他毫不犹豫地回答："观念。"因而，我们今天举行这一辩论会的根本目的也正是要推动观念

上的转变，进而从"坐而论道"到"起而行之"。

二、儒家传统是否包含男女平等思想？

姚新中教授认为，如果对这一问题作出肯定回答，便需要进一步思考下列问题：如何理解孔子、孟子、董仲舒和朱熹等人歧视女性的论述？这些思想与中国以及东亚传统社会"男尊女卑"的形成有无直接关系？吴根友教授认为，女性被压迫的历史地位有些与儒家相关，但从《易经》传统中可以挖掘出阴阳平衡、阴阳协调的基本哲学概念，这是儒家思想中最有价值的部分，孔子关于"有教无类"和"仁者爱人"等思想经过阐发可以成为女性解放的思想资源。李晨阳教授认为，儒家思想不可避免地具有历史烙印，经典思想家孔子、孟子和荀子等人已经处在"男尊女卑"的时代，尽管他们不是这一观念的最初倡导者，但也没有对其进行矫正，因而儒家对于歧视女性的历史事实负有责任。然而从哲学基础来看，儒家传统并非必然要歧视女性。而在笔者看来，虽说两位教授的上述说法有一定的合理性，但都有以"历史局限性为由"撇清儒家传统与歧视女性关联之嫌。的确，对于任何文化都不能全盘否定，需要挖掘和重新解释，儒家体系并不是现成的，而且我们每个人心中都有一个"儒家"。对于儒家理论需要根据时代、社会、文化和经济发展的不同需要以及个人体验来把握。毫无疑问，"男尊女卑"是儒家思想的主旋律。即便《周易》中强调阴阳平衡，也以阳来喻龙、喻天、喻君、喻男、喻尊，以阴来喻凤、喻地、喻臣、喻女、喻卑，《周易》是孔子思想的重要来源，所以孔子也不可避免地会强调"天尊地卑""男尊女卑"，认定女性倘若不顺男、不顺夫就是不顺天。然而，尽管在历史上儒家并没有当代意义上的男女平等思想，但对于儒家思想中的"仁爱"、重视家庭、注重关系以及人与人之间和谐等理念都可以进行批判改造。而且，儒家思想也不是铁板一块的，是有缝隙的，例如明末学者李贽提出"夫妇之际，恩情尤甚""天地间之见一个情字"，明末清初思想家唐甄也把夫妻平等视为一切平等的起点。

三、儒家思想与传统道德的关系

姚新中教授强调，在中国两千多年的封建社会中，形成一整套束缚女性的道德规范，如"三从四德""三纲五常"，并有《女戒》《女四书》《家礼》等经典，对女性的行为处事、待人接物、品行修养和生活方式作出严格的规定和约束，并由此衍生出"头发长，见识短""女子无才便是德"等性别偏见。那么，儒家思想与这些压迫女性的道德规范关系如何？吴根友教授强调早期儒家，至少汉代以前儒家对封建女德的影响不大。李晨阳教授认为，在思考儒家伦理思想时既要如实地反映它歧视女性的成分，也要避免把它说得一无是处。儒家伦理与女性主义关怀伦理学有相通之处，例如关注具体道德情境，重视人的道德体验，在社会关系中主张"仁"和"义"，注重家庭和子女教育等等。笔者则强调 Sex 与 Gender 的区分，阐明性别实际上是一个历史、文化、政治和经济范畴，也是社会的组织方式。权力寓于知识生产之中，儒家所生产的知识事实上也是为封建社会政治制度以及"男尊女卑"道德观念服务的，二者相得益彰。"个人就是政治的"，在封建社会里，每一个女性命运看似不同，实际上都是社会权力关系的产物。从这个意义上说，儒家很难摆脱与封建女德的关联。此外，儒家也在倡导一种"性别本质论"，用各种所谓的"妇德"限制和束缚女性发展，如今女博士被称为"第三种性别"也是这些思想的负面影响所致。

四、如何看待"男女有别"？

姚新中教授还提出关于儒学传统与家庭关系方面的问题，指出在农耕社会普遍流行"男主外，女主内"的家庭分工，这种分工是否具有历史合理性？"男女有别"的思想在当代生活中是否还有积极意义？笔者的回应是，"男女有别"在《礼记》中有许多论述，这种"别"可以分为三类——地位有别，即男尊女卑；分工有别，即"男主外，女主内"；礼仪有别，即男主女从。尽管这种观念在当时具有历史合理性，但如果探讨这一观念在当代生活中的意义，就必须首先思考三个问题：如何理解"别"？如何"别"？这种"别"有何意义？显然，从原始儒家来看，"男女有别"不仅仅是一种社会分工，而且体现"男尊女卑"的道德判断，把女性局限在私人领域，禁锢女性的身心，使之成为服务于父权制需要的生育工具，这种"别"在今天肯定是要抛弃的。如今，笔者更愿意把关于"男女有别"的问题视为关于是否需要"性别差异"的讨论，这在女性主义学者中也是有不同看法的争论问题，而笔者的看法是应当消除社会性别中的性别不平等成分，不仅要别中有合，合中有别，合别中没有价值高低贵贱之分，而且应当不以性别来论家庭分工，也就是说男女都可以主外和主内。

品质是树，荣誉是影子

在美国篮球球星马布里中学读书的教室里，有这样一句话贴在墙上——"品质是一棵树，荣誉是树的影子，只有树是真实的"。这实际上可以看成是一种使美国人不断获得超越的精神，它既是一种内在的创造力，也提醒人们以"云淡风轻"的态度看待过往的荣誉。众所周知，美国是一个没有沉重历史的移民国家，所以美国人不搞历史穿越，人们总是把目光放在未来，我想奥巴马之所以能够当选并连任都不是偶然的，因为他深谙这种"美国精神"，能用慷慨激昂的煽情演说描述未来的愿景，让美国人相信能够跟随着他去追求美国的"光荣与梦想"。

在奥巴马就任美国第 44 任总统的讲演中，又强调了美国建国精神，并提及就业、医疗、移民、气候、同性恋、儿童安全等多项议题。然而，如果美国精神是一棵树的话，那么美国建国 200 多年以来取得的所有成就和荣誉都可以看成是树的影子，唯有其品质和那种美国精神才是真实的。这样一来，人们在评价奥巴马时就有了一个新的维度，即看他是否真的能成为这种品质和精神的代表和化身，以及他在自己的下一个任期内能用品质和精神创造出来什么，把"志"和"事功"集于一身，实现从"内圣"到"外王"的转变。漂亮的演说并不意味着理想的现实，奥巴马要填补的是从说到做的距离，人们也需要"合其事功而观之"。

显而易见，奥巴马连任后会面临许多难题和挑战：尽管2013 年 1 月美国国会众议院通过了有关协议，阻止了美国跌下大规模削减开支和提高税率的财政悬崖，但美国经济状况仍然脆弱，有业内人士估计，美国在 2013 年的经济增速或许只能达到略高于 1% 的水平，无法达到所预期的 2.3%的目标。而且美国政府再次面临触及债务上限的困境，如果驴象两党不能就债务上限上调问题达成协议，美国将再度面临经济衰退的风险。此外，失业率也是令奥巴马头疼的问题，他是自第二次世界大战以来第二个在失业率高于 6% 的情况下成功连任的美国总统。尽管在他的第一任期内，已经让·度高达 10% 的失业率有所下降，但这一比例在 2013 年依旧在 8% 的高位上，因而能否实现经济增长和创造更多的就业机会也就成了检验奥巴马品质和能力的试金石。而且，医疗改革问题也是新一届奥巴马政府的一块硬骨头，事实上这一问题已经在驴象两党之间"纠缠"了三代人之久。在新一任就职演说中，奥巴马强调美国"必须在削减医保费用和减少赤字规模上作出艰难抉择"，主张为了让穷人也看得起病，需要建立全民医保，奥巴马医改法案的核心条款是联邦政府有权强制个人参保。然而，他的医改新政会一如既往地遭遇共和党人的反对，例如罗姆尼就曾公开反对全民医保，称其挤压财政项目经费的空间。还有，奥巴马为了不"背叛"子孙后代，还要大力应对气候变化带来的威胁，2013年1月出台的《美国国家气候评估》草案指出，气候变化已给美国的健康、基础建设、水供应和农业等诸多方面带来负面影响。在第一个任期内，奥巴马曾试图推动国会就气候变化问题立法，但并没有取得成功，这就需要他在新的任期内进行更加艰难的努力。不仅如此，在国际方面，奥巴马新政府也面临许多难题和挑战，例如东亚地区的安全局势将是奥巴马新政府外交政策的重点，但是这些政策无疑地会因为美国国内的诸多问题经受着严峻的考验。此外他还要拿出相当大的精力应对叙利亚、伊朗以及中美关系等问题。

在奥巴马发表的 2013 年国情咨文中，他强调："我们这一代人的使命就是重新点燃美国经济增长的引擎——造就一个欣欣向荣的中产阶级。"为此，他也提出许多设想，例如试图以家庭为单位解决民生问题，认为家庭的强大是美国社会和国家强大的基础，而建立在中产阶级繁荣发展基础之上的包容和共享既是家庭进步的源泉，也是美国在全球影响力的基础。奥巴马对于家庭和中产阶级的支持具体包括收入、教育、养老、住房和医疗保健等诸多方面，例如在收入方面，他许诺要把最低工资与生活成本挂钩。而在教育方面，他主张机会公平，不让任何一个孩子由于贫困而输在起跑线上，尤其要重视学前教育，因为在学前教育上投入 1 美元，日后便可以在提高毕业率、减少未成年人怀孕率以及降低犯罪率方面省下 7 美元。在奥巴马看来，一个人接受的教育越多，拥有好工作和成为中产阶级的几率就越大，所以联邦政府要通过税款减免、补助及贷款等方式让学生和家庭承担得起高等教育的费用。此外，奥巴马也没有忘记性别主题，首先他主张降低低收入伴侣结婚的经济压力，并借此来稳固家庭和父亲的地位。其次他也表示反对职场中的性别歧视和家庭暴力，并把这一行动的意义与美国经济发展联系起来，"我们清楚，只有当我们的妻子、母亲、女儿能够免于在职场上受歧视，免于家庭暴力时，我们的经济才会更加强大"。他同时希望众议院能够批准参议院在 20 年前草拟的防止对妇女施暴法案，并请求国会宣布男女同工同酬，在 2013 年年内通过"公平薪酬法"。奥巴马还不忘鼓励女性上战场，以及为世界最贫困国家的女性"赋权"。

无论在新一任就职演说还是 2013 年国情咨文中，奥巴马都做出太多的承诺，并清醒地意识到自己的任务是"兑现这些承诺，生命权、自由权和追求幸福的权利"，因为"这对每个美国人而言都是实实在在的"。由此可见，他更想拥有的是树的品质，而不是树影的辉煌，当 2013 年中国蛇年的钟声敲响时，奥巴马也对媒体说：依据中国的传统，蛇代表着智慧，也代表着以审慎的方式去应对挑战。他信心满满，好像准备好了一切，而全世界的人们也都在等待着他——兑现自己的承诺，尤其是在这智慧和审慎的蛇年。

慈母是一种文化习得

近来发生许多事情都似乎指向一个问题：母亲教育（maternal education），亦可以把它说成是"母职教育"，我认为这是中国传统和现代教育中缺少的一个重要内容。女性主义学术的基石是社会性别概念，其宗旨是把关于性别的生物学事实与人们对这一性别所赋予的文化和价值内涵的社会性别区分开来，使人借助这一概念分析出或观察到许多以往不成问题的问题。当然，这仅仅是女性主义学者进行学术分析时使用的一个范畴，并非意味着把事实与价值割裂开来。事实上，这两者也是无法分开的，也就是说，性别一旦成为"概念"或"范畴"便永远都摆脱不了社会和文化的内涵，而社会性别也总是基于生物性别才能成立。

在讨论性别与社会性别的关系时，"生母"和"慈母"是一个很好的例子。"生母"是一个事实，是孩子生物学意义上的母亲，但"慈母"却是一种社会角色，来源于社会和文化的传统以及母亲本人的修养和素质。"生母"是一种种族繁衍的生育能力，而"慈母"却是一种文化习得。"生母"并不意味着"慈母"，这就为我们进行母亲教育提供一种本体论意义上的合理性。

伴随人类文明的进步，社会已经对母亲和母职提出更高的要求，在当代中国的文化背景下尤为如此。理由之一是为教育新一代孩子所需。尽管如今的孩子不再如同父辈一样经历童年期的各种短缺和贫困，但他们在相对富足的生活中背上沉重的情感负担和压力，时时刻刻感受到家长和老师对自己学业和未来的期盼，以及未来报恩和反哺的压力，父母对他们越好，越倾囊而出，他们的压力就越大，甚至难以承受。重视教育是中国家庭和社会的一个长处，但也可能成为压垮孩子精神世界、摧毁其童年快乐的巨石。在一个重视教育的家庭中，母亲往往成为焦虑的高危人群，这种有形和无形、显性和隐性的压力最后都会传递给孩子，使其过早地思考人生和未来，自动地感受"生命不能承受之重"，并用想象中的未来困境，以及现实中无法达到母亲要求的内疚和悔恨毁掉自信和快乐。因而，只有提升母亲的素质，拓展她的见地和视野，让她们学会理解孩子，释放和缓解自己在孩子升学、就业和婚恋等方面的压力，并相应地以聪明和智慧为子女指明一个光明的未来。

理由之二是为培养身心健康的孩子所需。世界卫生组织

2017 年 2 月 23 日的报告显示，2015 年全球超过 3 亿人受抑郁症困扰，约占全球人口的 4.3%。女性患抑郁症的比率是男性的 1.5 倍，而且女性产后抑郁症还可能影响新生儿的发育。不仅如此，精神分析研究成果也表明，母亲的精神健康和母爱对于子女的精神健康和人格形成有重要的影响。依据弗洛伊德的假设，人生最初五年的体验，以及它们对情绪的影响，对于成年人性格的塑造十分关键。英国著名精神病学家安东尼·斯托尔（Anthony Storr）也观察到，患有精神疾病的人，内在力量的运作是不均衡的，主要的人格特征是自尊心脆弱，如果一个人在婴幼儿时期得到妥善的照顾，内在拥有自尊的资源，便足以面对日后寻常的危机。然而，严重的抑郁症患者却缺乏这份自尊的资源，即便面对微小的挫折，也会不能自拔，并想方设法地逃离这种状态。因而，在某种意义上说，母亲的身心健康，尤其是精神健康是社会和人口精神健康的起点和基础，女性、母亲和家庭的精神健康始终应当成为一个社会公共健康关注的重要问题。

理由之三是为女童保护和培养社会性别意识所需。2016 年 10 月 11 日是联合国确定的第五个国际女童日。其主题是"女童进步就是可持续发展目标的进步：切实维护女童权益"。有资料表明，全世界每年都有 6500 万女童辍学，1400 万 18 岁以下的女童结婚，1.5 亿女童遭受不同程度的性暴力。在世界范围内，女童往往面临更多的性别歧视和不平等待遇，而在发展中国家，女童遭受的不平等更为严重。在家庭中，母亲往往是性暴力防范意识和性别平等观念教育的主体，而且子女一旦接受这种教育，便可以受益终身。因而，针对母亲的安全防范意识和性别平等教育具有事半功倍的效果，母亲也需要提升自身的保护责任意识，这些意识并不是自发产生的，需要通过教育获得信息、技巧和能力。

理由之四是为二胎时代女性发展所需。当代中国社会的家庭结构已经发生巨大改变，家庭规模日益小型化，家在变小、孩子变少，独生子女表示压力很大。但随着全面二胎时代的来临，女性在生育和养育、就业和发展方面面临新的压力和挑战。二胎是为促进当前中国社会经济和劳动力发展以及提升养老能力所需，但女性却承担更大的"母职"压力，社会不仅要出台相关政策保护母亲的各种权益，也需要无偿为母亲提供"继续教育"，这不仅能够提高她们做母亲的整体素质，也为其在职场发展以及阶段性就业和再就业创造机会。

理由之五是为"母性思考"所需。根据美国女性主义哲学家萨拉·拉迪克的看法，母亲未必是由女性担任的，男性也可以承担母亲角色，并在这一过程中形成"母性思考"，而且这种思考也并不必然仅仅应用在家庭中，在社会、政治、经济生活中，甚至在国际关系中也都可以应用。例如，如果让"母性思考"介入当代世界的各种冲突，就会避免许多流血和战争。因而，母亲教育以及由此带来的"母性思考"可以为社会和谐与世界和平作出积极贡献。

总之，"生母"并非意味着"慈母"。母亲的角色是习得的，母亲是孩子的第一任老师，家庭、家风和家教关系到整个民族的素质和未来。然而，一个生活悖论却是：尽管人们都意识到母亲和家庭对于孩子成长的意义，但在整个教育结构和体系中却缺乏性别和母亲教育这一重要内容。梁启超先生在《少年中国说》中所说的"少年智则国智，少年富则国富，少年强则国强，少年独立则国独立，少年自由则国自由，少年进步则国进步"等观念得到普遍认同，但人们同样不可忽视的一个事实是，母亲才是确保"少年强"的关键人物，家庭是"少年强"的摇篮。在高考的指挥棒下，当代中国社会过于关注对子女的术业教育，作为家长人人自危，唯恐自己的孩子输在起跑线上，在各种补习班和家教泛滥的同时却忽视了母亲教育。事实上，在孩子综合素质的提升方面，母亲的视野、见地、修养、学识和人生阅历的传递远远地胜于任何补习班和家教，少年强需母亲强。

母亲角色是习得的，母亲作为教育者本身也需要再教育。在现实生活中，许多女性都是在没有充分做好准备的情况下做了母亲，伴随新生命到来的惊喜，她们也会感觉母亲角色带来的许多困惑和担心、恐惧和压力，而在孩子从怀孕到出生以及成长各阶段的母亲教育，不仅可以减轻她们对于自己是否胜任母亲角色的担忧，也可以提升自身的素质和能力。做母亲是一回事，而是否有素质和能力做一个好母亲是另一回事；优秀和高学历女性未必是好母亲，但社会有意识开展的普遍性母亲教育却可以为每一位试图成为好母亲的人提供机遇和保障。

青年发展中的关怀教育

我国的《中长期青年发展规划（2016—2025 年）》（简称《青年发展规划》）指出，青年是国家的未来和民族的希望，青年兴则民族兴，青年强则国家强。促进青年更好成长和更快发展是国家的一项基础性、战略性工程。作为我国第一个青年发展规划，《青年发展规划》涉及思想道德、教育、健康、婚恋以及就业创业等 10 个领域的具体发展目标。

青年思想道德培养和教育是贯穿这 10 个领域的一条主线。前者的目标主要体现为增强青年的使命意识和责任意识，促使他们养成勤学、修德、明辨、笃实的美德，以便在社会公德、职业道德、家庭美德和个人品德方面为社会作出表率。后者主要保证青年受教育的权利，帮助他们开阔视野、了解社会、提升综合素质，丰富创新实践平台，强化社会实践教育，鼓励青年参与志愿服务、社会公共服务和社会公益事业等实践活动。而在学校教育中，需要把立德树人，增强学生社会责任感、法治意识、创新精神、实践能力作为重点任务贯彻到教育的全过程。由此可见，无论是青年思想道德培养还是教育都体现出以立德树人为先，以思想道德教育为主线的要求，这同时也为性别视角的纳入开辟了空间。

从性别视角分析《青年发展规划》，我们可以看到把"关怀教育"纳入青年思想道德教育之中的必要性。"关怀教育"主要是由女性主义关怀伦理学所倡导的一种教育理念。而关怀伦理学伴随西方女性主义运动出现于20世纪70年代，是建立在女性主义研究基础之上，强调人与人之间的情感、关系以及相互关怀的一种伦理理论。卡罗尔·吉利根和内尔·诺丁斯等人是著名的女性主义关怀伦理学家。

青年道德教育如何借鉴"关怀教育"理念？对于女性主义关怀伦理学家来说，关怀教育主要体现为四个方面。

其一，强调关怀美德的培养。关怀伦理学的核心概念是"关怀"，强调关怀是由道德情感、道德认识、道德意志和道德行为所构成的一种德性。关怀作为一种德性，来源于人的感觉。休谟认为，人们普遍具有某种同情他人的道德感，这是一种"积极的德性"。而诺丁斯指出，这种"积极的德性"要求具有两种而不是一种感觉。一种是自然关怀。它是人们原始的和最初的感觉，人们无须作出伦理努力便完全可以表现出自然关怀，例如母亲对子女的关怀便是如此。另一种是伦理关怀。它根源于对自然关怀的记忆，在缺乏自然关怀的情况下，人们需要通过自己曾被关怀的记忆来唤起关怀他人的感觉和意识，对自己提出"我应当"的道德要求，进而对他人的需求和痛苦作出反应和采取关怀行动。在诺丁斯看来，尽管自然关怀与伦理关怀是不同的，但这并不意味着后者的地位要高于前者，相反这两种关怀是相互依赖和相互促进的。

其二，倡导一种新的教育模式。在为《学会关怀：教育的另一种模式》中译本写的序言中，诺丁斯针对中国学校教育中的问题提出把"关怀教育"作为一种新的教育模式来统领其他教育的建议。她主张教育改革者应当试图突破单一的、受考试左右的课程设置，代之以一个更加人道的，既重视学生全面发展，也有利于智力进步的教育。教育的主要目的是培养人的能力——关怀人、爱人、成为可爱的人。为了实现这一目的，关怀必须成为主导的学校教育趋向。青年人应当学会如何关怀作为物质和精神结合体的自我，学会如何关怀身边的他人和遥远的陌生人，关怀动物、植物和地球，关怀人类创造的物质世界，以及学会关怀各种学科的知识。因而，教育者要思考的重要问题是：在引导青年探讨人类生活中最重要的问题和学习关怀时，如何能够同时促进他们的智力发展？

其三，强调建立一种关怀关系的意义。诺丁斯看到，海德格尔在广义上使用关怀概念，把它理解为人类的一种存在形式——它既是人们对其他生命所表现出的同情态度，也是在做任何事情时的严肃考虑，关怀既是最深刻的渴望，也是瞬间的怜悯，同时还是人世间所有的担心、忧患和苦痛。我们每时每刻都生活在关怀之中，它是生命最真实的存在。然而，诺丁斯却在赞同海德格尔这些观点的基础上，更为强调"关怀意味着一种关系，关怀是一种关系行为"的看法。她认为关怀是由关怀方和被关怀方构成的，因而关怀的本质因素在于关怀方与被关怀方之间的关系。它最基本的表现形式是两个人之间的一种连接或接触，一方付出关怀，另一方接受关怀。如果任何一方出了问题，关怀关系就会被破坏。这一理论对于人们的启示在于：不能仅仅把教育或者思想道德教育当成一种单方面的说教，而要试图建立起一种关怀关系，通过关怀方与被关怀方的努力共同来完成关怀行为。不论关怀方如何努力，如果被关怀方没有体会到这种关怀便意味着关怀关系的失败，或未被建立起来。因而，当我们对青年思想道德教育的效果进行评价时，不仅要关心做了什么，更重要的是看关怀方，也就是教育者行为是否得到了被关怀方的认可和回应。

其四，强调实践活动的重要性。关怀美德、关怀教育以及关怀关系的建立都需要以实践为桥梁，或者通过实践活动来实现。关怀教育不是要训练青年的道德推理，而是在实践中培养他们的关怀能力。诺丁斯主张教育是每一个人都必须参与的事业。学校和社会要尽可能地让青年人参与各种公益活动，在活动中注重的不是工作技能，而是关怀的能力。实践的目的是积累经验，因为关怀的态度和观念是由经验形成的。如果人们希望青年人能够为社会生活做好准备，就必须在关怀的给予中为他们提供获得技能和培养态度的机会。《青年发展规划》在谈及学校时，倡导要通过探索实施高校共青团"第二课堂成绩单"制度等途径落实实践教育，诺丁斯也集中讨论过这一问题，主张学校应当为学生的课外关怀活动记学分，并通过这种方式把关怀教育制度化和常规化。

毫无疑问，《青年发展规划》是指引我国青年未来发展的一项战略工程，尽管所涉及的内容十分丰富，然而，"上面千条线，下面一根针"，贯穿这一规划的灵魂便是青年思想道德教育，而把女性主义关怀伦理学所倡导的"关怀教育"纳入这一教育中必然会对推动这一规划的具体实施产生积极的影响。

善良是教育之本

新同学入校，让我代表教师讲几句，我一直都在想讲些什么，没有头绪。"七夕"节时，台风"天鸽"和"帕卡"由于思念而互相追逐，我坐在飞机的窗口边俯视云朵，看云卷云舒，忽然间有了一些想法。这就足以证明，爱、情感、动力、风速，尤其是位置的高度决定了你思维的高度和创造力。

亲爱的同学们，不管你们是否意识到，今天对你们来说都是一生中最值得纪念的日子——标志你人生从此迈向新的高度。你问我有多高？我不知道，只有攀登上了这个高峰你才能测量；或者如同广告所言，"没有最高，只有更高"。在未来的几年里，只有你自己才能决定你的改变有多大，这种变化是不可想象的——就如同刚刚发现电时，没有人能想到今天的互联网、计算机和人机对弈一样；也如同人类基因图谱草图刚刚绘制成功时，没有人能想到它对未来的医学生物学产生什么样的影响，会如何改变我们的身体和心灵。然而，有一点是确定的：你对真理和知识的追求，你的学习动机和热情、你的投入直接决定你未来的思维高度和精神境界。未来几年后你会发现，好像今天都差不多的同学在思维方式、心胸、视野、为人与为学方面有了很大的差别。你们中许多人会敲开思想和精神的玄妙之门，体验到生命的充盈和知识之美，体悟到国画中的一种"意境"，"意之所随者，不可言传也"。你们之间的差距或许并不在于发了多少篇论文，毕业论文匿名评审得 A 还是 B，而在于是否能够超越看得见的世界，把一个看不见的世界作为自己的精神支柱，以及由此带来的在精神层次、境界与追求上的不同。

在此，我想同大家交流几点想法：第一，为人。"大学之道，在明明德。"大学的宗旨在于彰明一个内心光明之德。这与西方人对教育的理解是一致的，education 来自拉丁文的 educare，本意是引出，引出一个人内心的潜能，发现一个新的自己。古希腊人注重"育养"，强调人是一个整体，尽管知识重要，但是使用它的力量更重要，最重要的是一个人的信念、是非观、价值观和标准，并准备按照这些价值观和标准去生活。雅思贝尔斯认为教育只关注一个问题，就是如何最大限度地调动人的潜能，让其得以实现，让人的内在灵性与可能性充分地生成。我理解这种潜能和内在灵性、可能性不仅指智性之知和德性之知，更是一个人的美德及其实践。一个人必须懂得如何从善去恶，如何做人，培养自己高尚的品格。聪明是一种天赋，善良是一种选择，我们之所以善良，不是因为我们智虑不周，或者智商不足，而是因为我们选择了善良。我有一本书，书名叫《在太阳照不到的地方行走》，天空只有一个太阳，太阳总有照不到的地方，其实我们所有人的社会责任和使命就是驱散黑暗，给他人和社会带来温暖、阳光和正能量。

第二，为学。你的学习动机、眼界和人生格局直接决定学习的成果。"心有多大，舞台就有多大。"我喜欢林徽因的一句话："每个人的人生都是在旅程，只是所走的路径不同，所选择的方向不同，所付出的情感不同，而所发生的故事亦不同。"一定要为自己设立高标准，高目标。孔子曾教育学生说："取乎其上，得乎其中；取乎其中，得乎其下；取乎其下，则无所得矣。"任何学习都是增强人的可控能力。只有学习到真学问，才能在未来的人生中游刃有余，有真本事。我20世纪70年代上中学，遇到一位化学老师，他高高的个子，一头白发，第一天上课就说："人生中除了知识，一切都是身外之物，知识吃到肚子里烂不掉，下雨天浇不着。"还说："我的化学课从来没有人考试得过100分。"这些话点醒了懵懵懂懂的我，不仅期末考试化学得了满分，最后还当上清华教授。上周去深圳图书馆讲课，他们让我题字，我顺手写下"有钱多旅游，没钱多读书"。从时空的维度上看，我们此时只能存在于这个时空交叉点上。读书和旅游都是延伸生命的广度和厚度的最直接、最便捷的途径。"读万卷书，行万里路。"读书，让你的灵魂充满香气。赫拉克利特说"太阳每天都是新的"，但这句名言的含义需要你每天用心来体会。让清华大学良好的学术人文环境与自己的内心形成一种良性的互动，进行能量的互换与互补。

第三，成为批判性思考者。美国哲学学会把批判性思维定义为"有目的的、自我校准的判断。这种判断导致解释、分析、评估，推论以及对判断赖以存在的证据、概念、方法、标准或语境的说明"。哈贝马斯把批判性思维视为"解放性学习"，即要求人们把自己从被他人、制度或环境的强制支配中解放出来，学会洞察新的发展趋势。中西学问体系不是现成的，牢不可破的，应善于分解、拆散、创新，再因时、因地、因人重新组合。而在我看来，哲学与其说是一种知识体系，不如说是一种思维方式和批判性思维活动。它督促人们不停地怀疑性发问，并通过这种发问开拓出更大的思维空间，思考解决问题的各种可能性。习总书记在"哲学社会科学工作座谈会上的讲话"中强调："在解读中国实践、构建中国理论上，我们应该最有发言权，但实际上我国哲学社会科学在国际上的声音还比较小，还处于有理说不出、说了传不开的境地。要善于提炼标识性概念，打造易于为国际社会所理解和接受的新概念、新范畴、新表述，引导国际学术界展开研究和讨论。这项工作要从学科建设做起，每个学科都要构建成体系的学科理论和概念。"大家来到清华，就是要把自己培养成一个批判性的思考者。

第四，吃苦。学问是棵树，向上伸展枝桠越多，能庇护的地方越大，向下伸展根茎越多，汲取的养分越多。依据国外学者的研究，每一个人的博士论文实际上是他人生学术的起点，更是自己未来的方向，大多数成功学者都是在自己硕士、博士论文的方向上继续耕耘成为一代学术精英的。"板凳要坐十年冷，文章不写一句空。"我曾给一位刚刚获得洋博士的同学写下几句话："五年青春为一文，坐粗腰身熬枯神。不求锦绣动天下，但凭勤勉慰亲伦。五年修行为一文，洋码乱舞戏游魂。饥寒饱满皆不知，孩童笑指外星人。五年闭关为一文，抛家舍爱避俗尘。仰天大笑出关日，苍天不负砺杵人。"做学问是清苦的，没有捷径可走，没有人能够随随便便成功，学习的成功取决于 99% 的努力和 1% 的灵感，不苦无学问。

第五，"无体育，不清华"。身体是精神的物质载体，身体是硬件，思想是软件。大家要经常锻炼，跑步，学会游泳——必须的，向本科生学习，因为本科生都会，不会，以后请你别说自己是清华大学毕业的。

最后衷心感谢大家的到来，你们让我们感受到生命的价值与意义。教师是人类最快乐的职业，因为我们永远都能与你们一道青春飞扬，思想永不枯萎，充满活力。"天行健，君子以自强不息"；"地势坤，君子以厚德载物"。作为新的清华人，请大家牢记"自强不息，厚德载物"的校训。在未来几年里尽情地挥洒汗水，享受思考和学习的快乐、爱情的甜蜜，攀登人生的高峰，快乐成长每一天，活出一个不一样的自己！

波兰尼的"大转型"

卡尔·波兰尼（Karl Polanyi，1886—1964）是匈牙利哲学家和政治经济学家，被誉为20世纪最彻底、最有辨识力的经济史学家，也是一个以《大转型——当代政治与经济的起源》一书轰动世界的人。美国哥伦比亚大学经济学教授、2001年诺贝尔经济学奖得主约瑟夫·斯蒂格利茨在为波兰尼的这本书作序时写道：能为"这部古典名著写序对我是项殊荣。这本书讨论欧洲文明从前工业化时代转型到工业化时代的历史巨变，以及伴随而来的思想、意识形态、政治、经济政策的转变。今日看来就如同当代世界各地发展中国家所面临的转变一样，以至于波兰尼这本书几乎就像是在评论当代议题"。在约瑟夫看来，波兰尼的主要观点是所谓"自我规范的市场"（self-regulating markets）概念从未被真正实行过。由于其明显的缺点，使得各国政府必须介入干预市场的内在运作以及外部的直接影响（如对贫民的影响），而且改革的速度直接影响后果。由于意识形态和各种特殊利益团体之间纠缠不清的关系，相信经济增长对于包括贫民在内的全民有利是没有历史根据的，因为自由市场实则是为新兴工业利益集团服务的。他也看到，在波兰尼写作《大转型》一书时，包括经济学家在内的人们并不理解市场的这种局限性，而今，却再也无人相信自我规范的市场会必然带来高效率和平均分配的观点。这就表明，人们必须承认市场的力量和局限性，以及政府在干预市场、经济治理中的重要角色，需要争论的只是市场与政府之间的职能分工问题。可以说，这两位学者的这些观点具有普遍的适用性，这一讨论不仅关乎全球经济政治发展的格局，也完全适用于某一具体国家的某种制度建设。例如从伦理学上说，我国医疗体制改革的核心问题便是把公民医疗保健权推给市场还是由政府买单，以及两者的责任限度和伦理合理性问题。

新自由主义经济学认为，政府干预是所有问题的根源，改革的目的是找出正确的价格，并借助自由化和私有化，将政府从经济活动中抽离出来。经济发展只不过是资本积累，以及提升资源分配的效率。但在波兰尼看来，社会变迁所影响的是整个社会，而不仅仅是经济层面，经济改革也不仅仅影响到经济关系，更影响到社会中的人际关系。经济关系变化会导致原有的社会关系破裂，而破裂的社会关系反过来也对经济发展造成负面影响。市场经济不是终极目标，而是达到终极目标的手段。约瑟夫也赞成这种说法，并提醒人们注意到，即便当代一些发达国家的经济增长的确为大多数人带来了福利，但也有许多历史证据表明，经济增长也可以导致贫困。应当说，这两位学者联系社会关系和贫困来讨论市场经济发展的角度直接触及长期以来伦理学理论中道义论与功利论争论的关键问题——依据功利主义价值观，应当大力发展生产力，积累更多的社会财富，但是把蛋糕做大并不意味着人人都能分享到福利，需要道义论提出公正分配的原则，以保证所有人都能公平地分享到自己应得的份额，并承担应有的义务和风险。至于如何建设某一国家的某种社会制度，例如我国的医疗保健制度建设，那就要看政府如何监管市场，不仅要保护人际和社会关系免受市场发展带来的负面影响，也要下决心使贫困人群获得基本的医疗服务。这种社会和谐、社会保障和由此带来的社会安定绝不是靠"自我规范的市场"来实现的。

2013 年，当代著名女性主义政治哲学家南茜·弗雷泽在《新左翼评论》上发表一篇文章，把当代政治危机与波兰尼所描述的 20 世纪 30 年代的社会转型加以比较。波兰尼指出，资本主义社会在自然、劳动力以及货币商品化方面的努力已经使社会和经济失去稳定性，导致多层面的社会和政治危机。弗雷泽则试图分析这一危机与当代社会危机的关联和差异，强调它们都具有一个共同的深层逻辑结构，即都根植于一个相同的动力学，也就是波兰尼所说的"虚构的商品化"。然而，她也发现当代社会与20世纪30年代的危机也有着明显的差异，这主要表现在政治反应方面。波兰尼认为，受"虚构的商品化"动力学的驱使，资本主义社会政治经济危机有其自身的结构和逻辑，表现出自由经济与社会保护双重运动的特点，弗雷泽则拓展了这一观点，提出"三重运动"论。波兰尼看到在资本主义社会中，政党和社会运动会自行分为两大阵营：一方是政治力量和商业利益，主张放松对市场的监管和扩大商品化；而另一方是跨阶级群体，包括城镇职工和农村土地所有者、社会主义者和保守主义者，他们寻求保护社会免受市场的伤害。而后，这两方都达到一个共识：在劳动力、自然界和货币方面的"自我规范的市场"会破坏社会，为了保护市场，政府监管是必要的。

但是，弗雷泽却认为，当今时代这一共识已不复存在。除了拉美一些国家和中国之外，各国的政治精英多少都是自由主义者，他们都试图保护投资者的利益，而民众的反抗力量却无法整合起来，聚焦到反对新自由主义方面。因而，尽管今天的危机同样遵循波兰尼的逻辑，却无法表现出双重运动的特点。弗雷泽也试图回答"为什么在21世纪不存在双重运动"的问题，认为或许最简单的答案是政治领袖的失败，但她却对这种说法表示怀疑，指出不能把对如此重要问题的答案仅局限到领导者的个体心理假设上面。此外，还有一个更深层的解释是，20世纪30年代以来，资本主义特点发生了一个根本性变化，即从生产转向金融的假设。众所周知，在波兰尼所处的资本主义时代，劳动占据中心位置，对于劳动的剥削成为资本积累的引擎，产业的集中化促进产业工人的组织化，工人阶级具有相当大的影响力。但在21世纪，劳动力已经不能成为在双重运动中属于社会保护一方的骨干力量，由金融主导的资本主义已经对波兰尼式的政治动力说形成强大的结构性阻力。然而，即便这种说法看起来很有道理，弗雷泽也没有表示出完全赞同的态度，主要原因是认为它尚未捕捉到全部的政治图景，例如忽略了北半球之外的劳动力和社会再生产领域。更为重要的是，这种金融偏好仅仅强调基于经济关系的阶级斗争，没有看到人们围绕着社会地位、性别、性倾向、宗教、语言和种族等方面进行的斗争，这也让人联想到弗雷泽一贯坚持的一种基于经济、文化和政治互动的三维公正观，这一公正观实际上是对公正的三种诉求：再分配、承认和代表权。

弗雷泽提出的第三重运动是"解放"，认为市场与社会保护之间的冲突不能脱离解放加以理解，保护与解放之间的冲突也不能离开新自由主义的调节力量加以理解。在波兰尼双重运动的冲突地带，解放已经把市场力量加入到双重的社会保护之中。弗雷泽认为，这三重运动已经暗示出当今社会政治斗争呈现出后波兰尼式状况。尽管解放使反对新自由主义的斗争变得更为复杂，但它却代表了一种进步，我们也据此可以对社会保护形成一种新的理解，即它不再是等级制的、排他的和社群主义的，而是同时在追求那种三维的社会公正，并在这种追求中获得保护。所以，没有解放，也就没有保护。可以说，弗雷泽的这种三重运动说既是对波兰尼理论的继承，也是根据时代变化所进行的一种拓展和补充。

"感知中国"速记

清华大学 2016 年 8 月 1—14 日组织了留学生"感知中国"暑期学校项目，旨在促进各国在政治、教育、环境和社会文化等领域的交流，加速清华大学迈向世界一流大学的步伐。来自世界 30 余个国家和地区的 150 名留学生参加学习，他们大多是由各国、各地区兄弟院校的校长推荐来的，所以入选者肯定都是世界名校的优秀生，这无疑对项目的组织和教学安排构成挑战。我负责主持"女性发展组"的教学讨论和实地考察，组里有来自不同国家、院校和专业的 25 名学生，他们不仅思维活跃，善于发问，而且提问时会把手臂举得很高地长时间等待，因而不用担心课上没有话题，即便有暂时的沉默，他们也都在认真地听讲，脑海里在飞速地生产和加工新的问题。

一、课堂篇：中国文化和女性现实问题

课堂教学和讨论是项目中的重要环节，涉及丰富的内容，主要包括性别研究、儒家伦理、生命伦理学、性别体验和特征、流产、虎妈以及精神健康等领域和问题。这些讨论不仅是跨文化观念和体验的分享，也聚焦到当代世界女性面临的共同问题以及解决问题出路的探索。

我在课上先大致介绍了儒家伦理学、生命伦理学以及性别研究、女性主义研究方法论等内容。当我讲到儒家伦理学具有崇尚社会性和"道义论"特点，与西方功利主义形成比较时，丹麦姑娘莱塞马上提出问题，强调功利主义也追求"最大多数人的最大幸福"，这一点与儒家并没有区别。我解释说，功利主义的出发点和归宿是个人主义，当个人利益与社会利益发生冲突时便面临一个道德选择的困境，难以架起从个人利益过渡到社会利益的桥梁。而儒家却鼓励每个人扮演好自己的社会角色，必要时为社会利益作出牺牲。接下来英国男孩乔舒亚问我儒家的道德来源于何处？我把儒家与17世纪英国"道德感学派"加以比较，强调儒家重视自我的道德修养，尽管人生而具有"善端"，孟子也主张"人性本善"，但人的道德感和品质却是后天修炼的结果。这一点与"道德感学派"有所不同。他还提出儒家与计划生育政策

是否有关联，中国目前的"私有化"和市场经济与社会主义政治制度如何关联等问题。在外出参观时，我碰巧给这个看上去顽皮可爱的大男孩买了一根冰激凌，他立即认我作 the second mother，还到同学面前故意馋人，弄得人家一脸妒忌，但当他思考、提问时却像似变了一个人一样。

说到性别特征和体验，班上的同学才不会掉到我设计的陷阱里，当我让他们解释男女的性别特征时，他们马上联系到我所讲的"性别"与"社会性别"的区分，问我所说的"男女"是什么意义上的指涉，如果是"社会性别"意义上的，再讨论性别特征就是逻辑上的"同义反复"，这种飞快的思维逻辑着实让我惊讶。

同学们很关心关于"流产"问题的道德争论，因为西方社会的宗教背景时常影响到女性的流产权利和决定，人们总是围绕着胎儿是否为人，流产是否道德等问题进行争论。班上的同学问我中国未婚女性做人工流产需要什么手续，什么医院有资格进行这种手术，以及如果怀孕晚期是否允许手术等问题，甚至有同学认为中国的人工流产手术价格相对较高，因为在比利时等欧盟国家做一次人工流产手术大约仅花费5到6欧元。

讨论也涉及中国的"虎妈"现象，有个外籍华人同学讲述了自己如何被中国母亲严厉要求的成长经历。我的回应是看你如何界定"虎妈"，不同文化的父母都希望孩子成才，但中国文化中的确有一种"爱比较"的现象，"邻家的"孩子总是被父母拿来作为比较对象，这会给"自家的"孩子带来许多压力，这与中国人口多、教育资源不足也有关系。而且在中国文化中，子女的成功不仅代表个人，也象征着家族的荣誉，寄托着改善整个家庭地位和生活的希望。然而，这种局面也会随着中国社会的进步和生活水平的提高，教育资源的丰富，以及社会保障制度的完善逐步地变化。我也反问道："如果你们日后成为母亲，会不会也当一个虎妈呢？"我当然不想为中国"虎妈"辩护，但必须看到在一个发展中国家"虎妈"存在的现实合理性，其实让孩子有一个快乐的童年也是天下所有父母的希望。

精神健康也是课堂讨论的一个热点问题，美国姑娘杰西认为精神疾病肯定与性别相关，因为女性必须生存在男性主导的社会里，不平等的社会地位和性别关系会给她们带来更大的精神压力，而且女性的精神疾病常常被视为"歇斯底里"，得不到重视和正规的治疗。来自伦敦大学亚非学院的埃米利也补充说，精神疾病在社会中一直被认为是一个"污点"，所以患者并不愿意公开自己患病的情况，甚至不告知亲人，致使他们得不到应有的帮助，病情也会加重。最后大家都认为我们应当对精神疾病有更多的理解，对于患者给予更多的帮助和关怀，各国政府也应当重视精神健康资源的公正分配，不让精神疾病患者和家庭承受沉重的治疗负担。

二、女院篇：女院特色与发展方向

到了实地考察环节，同学们来到中华女子学院，原计划用半个小时请女院图书馆的邵娟副馆长简单介绍一下女院和女性图书馆的建设情况，随后自行参观，但同学们提出许多问题，使得讨论持续了一个半小时之久。

同学们上来便提出学校发展方向、定位和管理问题："作为单一性别的女子院校，在学校管理上与综合大学有什么区别？未来的发展方向是继续作为女校来发展呢，还是男女混校？在英国并没有严格意义上的女子学院，只是剑桥大学有两个专门招收女生的学院，中华女子学院与其他男女混校的综合性大学相比有什么优势？试图培养什么样的女性？"当我们回答说女院的校训是"崇德、至爱、博学、尚美"，而且试图培养有自尊、自信、自立和自强"四字精神"的女性时，来自牛津大学的凯特又提出一个问题："为什么把'尚美'作为女性的一个重要品质？"我们又解释说，这种美不是仅仅指时尚美和外表美，主要指内心的美德，由内向外的美，礼仪美是内心美的一种标志。至于学校的发展方向、定位和未来尚都在探索之中，但无疑地也会学习国外女校的管理经验，走出一条适应中国特色女性高等教育的路径，并希望这里的毕业生都能成为中国新女性的典范。

英国杜伦大学的安格斯又提问道："中国女性在政府高层参政的比率要低于男性，女院能否在培养女性高层政治家方面作出独特贡献？"邵馆长回应说："这当然是女院发展的一个方向，如今女院毕业生在中国基层社会已经起到越发重要的作用，尤其是社工专业。"而我理解中国女院与其他国家女院，例如美国威尔斯利女院不同，后者的学生大多来自富裕或者有一定社会政治背景的家庭，毕业后能有更多的政治经济资源对高层政治生活产生直接或者间接的影响，而我们的女院是面向平民百姓的，毕业生更多地从事基层工作，这种参与政治生活的方式当然也会对改变社会和政治生活产生更"接地气"的影响，换句话说，我们女院的学生都需要通过实干从基层脱颖而出，而不是借助家族实力和夫君的力量来影响社会的。

也有同学提出女院毕业生如何走向社会和就业市场，女院的"标签"会对她们产生"正面"还是"负面"影响的问题。在场的女院研究生自信地回答说：我们比其他院校的女生更自立，在工作单位"不挑活"，肯吃苦，能合作，所以整体就业形势乐观。在处理家庭关系中，因为我们已经接受过许多性别意识教育，所以更为宽容，更懂得沟通的技巧，更善于追求快乐与和谐，女院对我们未来的影响肯定是正面的。

同学们还提出女院在招生方面是否关注到少数民族女

性，现有的国际交流项目，如果女院教师也是单一的女性，日后学生如何面对由男性主导的社会，以及女性学教育是否注重实践环节等问题。在我看来，他们提出的许多问题都是中国女性教育和社会发展中正在探索的问题，或许目前还很难给出明确的答案。

一周下来，我感觉"感知中国"项目具有重要的历史和现实意义。电影《霍比特人》中有一句对白："这个世界并不在你的地图上和书中，但当你回去之后，你将发现自己已经不同。"同样，这些项目的参与者回国后也会发现自己"已经不同"，未来的世界或许也会因为这样一些大大小小的"不同"而发生积极的改变。

女性经验中的哲学史

在《论时间概念》的讲演中，海德格尔曾指出：过去——被经验为本质的历史性绝对不会消逝，它是我们总能一再向之返回的地方。而 20 世纪 70 年代以来兴起的女性主义认识论，尽管理论越发地复杂，研究越发地深入，概念与体系越发地难以梳理，但让我始终感觉到它试图返回到过去——那一直被忽略的被女性经验为本质的历史性，挖掘从这一群体经验中呈现出的社会权力结构和性别关系，弥补人类认识论思想史把男性经验当成人类经验的缺憾，讲述那半边古老的故事。

顺着这一走向，女性主义认识论也注定要发展到明天和为了明天而发展，而女性经验以及基于并超出这一经验的理论化始终是贯穿于其中的一种深层的期待。从这一意义上说，女性主义认识论的主要任务是重新挖掘女性经验对于认识历史和社会的意义，并把女性和不同群体，尤其是社会弱势群体当下的经验作为认识和描述社会生活、建构知识体系、平衡权力关系、追求理想人类社会的一种认识工具。

20世纪80年代，著名女性主义科学哲学家、女性主义观点论代表桑德拉·哈丁曾把女性主义认识论分为三种：女性主义经验论、女性主义观点论以及后现代女性主义认识论，但历经数十年发展之后，各种理论却不断地趋同，而且在同一种理论内部的差异甚至大于不同理论之间的差异。例如女性主义哲学家克里斯汀·因特曼（Kristen Intermann）看到，20世纪90年代以来，女性主义经验论之间的差异比女性主义经验论与观点论之间的差异还要更大，因为"一些女性主义经验论者持有一种明确的自然化倾向，而另一些哲学家则不然。一些女性主义经验论者在实用主义框架内工作，而其他人则接受了奎因的理论模式，或者一种塞拉斯的视角"。倘若人们认真地分析这些理论的特点，便有可能发现，这些理论原本都是从不同的角度和侧面关注女性经验，并在不同程度上呈现出经验论的特点，因而着眼女性主义经验论将是研究女性主义认识论新发展的一个重要途径，而女性主义经验论近几十年来的发展主要呈现出四个特点。

其一，更加注重情境、规范和社会因素在认识论中的意义。女性主义经验论是在女性主义科学哲学褓褓中产生的，其基本理论主张是：经验成功是接受科学理论、模式或被证明的辅助假设的必要条件，当一个理论与其假设一同被检验时，它必须得到经验的证明，同时它也必须满足比不同选择更好的其他认知标准。新近的女性主义经验论研究空间不仅更为宽阔，也更为基础。因特曼曾把当代女性主义经验论与哈丁所讨论的最初的女性主义经验论加以比较，认为前者有三个特点："1. 与在特有研究背景下具有指导意义的目标、认知价值以及方法相联系的情境论。2. 在目的、认知价值和方法意义上的规范性，相信其他的背景假设永远不都会脱离社会、伦理和政治价值观。3. 社会性，因为客观性和证明的着眼点是科学群体而不是个体科学家。客观性是通过降低个体的负面偏见来促进科学群体建构的。"

其二，越发突出女性经验在认识论中的意义。在女性主义哲学家看来，传统认识论基于理性和客观性建构的认识主体实际上排斥了女性和边缘人群的经验，例如贬低感情、关怀和家庭在认识论中的意义等，这种认识论体系使男性认为只有自身才有资格成为认识主体，确定知识和行为的规范。也正是基于这一清醒的认识，许多女性主义认识论都以强调女性经验为主旨，例如洛兰·科德（Lorraine Code）认为："在认识论领域，女性主义哲学家的两个重要任务是：发现恰当的方式认识女性经验，以及形成这些经验的结构；为继续保留这些经验进行认识论方面的说明。"显然，完成第一个任务需要破除限制女性认识可能性的关于女性本质的刻板印象，而完成第二个任务则需要在认识论发展目标上进行观念的变革。科德提出"认识责任"的概念，认为它是一种重要的认识美德，在认识活动中所扮演的角色与道德责任在道德行为中的角色相同。所以，女性主义认识论一直在努力明确一个事实：认识不是纯粹的知识，认识论必须与伦理学一并进行讨论。女性的经验首先应被看成一种人工的建构，而不是"自然的"事实，因为经验总是由经验着的主体的社会地位来协调的，这包括特定时代、地点、文化和环境，而且总需要通过潜意识的思考和动机来形成，所以人的认识事实上是一个汲取和建构经验的能动过程。

其三，自然化倾向。21 世纪初期，美国女性主义哲学家艾莉森·贾格尔曾评论说：过去 30 年的女性主义伦理学呈现出多元化的发展倾向，而新近的特点便是自然化倾向。尽管这种视角与当代自然化认识论和科学哲学相似，但女性主义自然化理论的特点是强调女性主义对认识论，尤其是对道德认识论的特殊贡献，它不仅对古老的道德问题给出新答案，也试图重塑问题本身。她看到，虽然西方女性主义伦理学理论各不相同，但却具有某种内在的一致性，这"可以表达为一种不同的女性主义自然化理论，它根源于女性主义对随时可能发生的性别不平等的关注"。尽管西方哲学史对于"自然化"概念有不同的解释，但贾格尔强调自己是在与 T.S. 库恩和奎因的自然化认识论和科学哲学相同的意义上使用这个词的，她认为"自然化认识论"有两个特点：一是否定了为其他学科奠定基础的第一哲学观念，把认识论或科学哲学视为关于经验科学与实践的研究。二是否定了纯粹理性的存在，主张应当从多学科视角理解人类知识，应用不同学科的发现和方法，尤其要依赖经验科学。因而，贾格尔认为女性主义伦理学的特点是"自然化的"，它要求把伦理概念、理想和规约的发展与经验学科，如心理学、经济学和社会科学结合起来。然而，西方哲学传统却一直避开这种理论倾向，试图超越变化着的感觉世界，通过追求具有无限普遍性的道德真理来超越历史的偶然性。而女性主义伦理学则应当关注道德理论与实践的具体的、历史的文化情境，并通过"自然化"透镜审查西方主流哲学传统。"这一透镜基于来自生物学、医学社会学、经济学、心理学以及发展研究一类的科学数据，而对于这些数据的恰当使用还需要同时使用其他透镜，如阶级、种族和民族等。"所以贾格尔的"自然化"伦理学更多关注的是利用各门学科的经验研究方法、经验知识和数据从事女性主义认识论和伦理学研究，而女性主义经验论也在与这种被"自然化"伦理学的互动中越发地呈现出自然化倾向。

其四，与女性主义观点论的趋同。通过比较研究，因特曼曾得出结论说：女性主义认识论近30年来的发展呈现出经验论与观点论趋同的现象，所以她索性提出一个把两者整合起来的新概念"女性主义观点经验论"。女性主义观点认识论代表艾莉森·威利认为，女性主义观点论强调两个主题：一是知识情境化，认为社会地位会对我们的经验产生系统的影响，塑造并限制我们所认识的东西，因此知识是通过特有的观点来获得的。二是认识优势地位，认为边缘化或者被压迫群体的观点具有认识论方面的优势地位。而因特曼经过比较和分析发现："女性主义观点论与女性主义经验论看上去十分相像，两种观点都是一种社会认识论，因为它们都把社群而不是个人看成证明和客观性的来源。"而且，这个社群分享共同的、基于个体经验产生的规范承诺，这些经验也是由每一个体的社会地位带来的。因而，尽管两种理论依旧存在着差异，但两者都坚持经验论的、情境论的及其社会规范认识论的观点。

作为女性主义哲学中的一种描述自身与世界关系的价值观和方法论，认识论是女性主义哲学的"内核"。女性主义哲学家对于女性经验和女性主义经验论的研究将对于人类认识进步，以及由此产生的社会变革产生深远的影响。

乡愁是家的灯火

在中国，家有着不同寻常的意义。在西方的基督教文化里，无论人做了好事还是坏事，都需要向上帝汇报或者忏悔。而在中国，我们则需要祭祀祖先，向父母禀报。如果说令信奉基督的西方人魂牵梦绕的是上帝，那么中国人则始终情系的是祖国和家园，即便浪迹天涯，哪怕是跨越万水千山，也要落叶归根。家对于中国人来说，是一个可以让人恣意地放松身心，给予安宁和慰藉的港湾。入夜，当你举头细数繁星和仰望明月时，我相信你满怀的一定是乡愁，心中点燃的肯定是家的灯火。

家之所以对中国人有如此重要的心灵意义并不是偶然的。人类在进入文明社会的途中实际上走了两个方向，出现了两种家庭文化。西方文明大都是从家族到私产、再到国家，家族关系被私产打破，形成以独立的个体与国家发生关系的格局，因而就有了个人主义、社群主义、自由主义和无政府主义等形形色色的伦理文化，自古希腊开始，其伦理精神便是追求个体的自由与价值。而中国自古以来就是一个农业大国，要以土地为生，无法挪动的土地让一家几代人都必须生活在一起，于是便形成四世同堂的家族文化和与之相应的社会制度。中国传统社会的家国关系是同构的，家与国之间并没有私产的隔断，这种性质的国家被称为社稷。

与西方社会的个人主义不同，中国传统伦理文化重视以始于家庭关系来实现个人的社会和自身价值，把"修身、齐家、治国、平天下"作为每个人的伦理诉求，其人生价值追求的向度在于贡献。春秋时代便有"三不朽"之说："太上有立德，其次有立功，其次有立言，虽久不废，此之谓三不朽。"这种为社会作出贡献的理想要求每个人把一己的行为与人类的历史发展联系在一起，让有限的个体生命焕发出无限的意义。对于信奉基督教的西方人来说，得到上帝的宽恕和恩典便可以进天堂，而对于追求天人合一境界的中国人来说，最重要的是看你为国家、社会和他人，包括父母和家人做了什么有意义的事情，增进了社会和整体的"大善"，而为国家、社会和他人服务便是为家庭立功，因为家是最小国，国是最大家，这正如孟子所言，"天下之本在国，国之本在家，家之本在身"。在家事父母，在外事君，同理同心，民吾同胞，物吾与也，天人合一，万物一体。

中国传统社会的伦理要始于并基于家庭伦理，并以此为范例和雏形。人的品德培养和道德教育也要从家庭开始，如果"一家父母不讲家庭教育，就会把一家的儿子弄坏；家家都没有好儿子，国也不成个国了"。儒家伦理把中国传统社会的人际关系概括为"五伦"："君臣也，父子也，夫妇也，昆弟也，朋友之交也，五者天下之达道也。"每一伦都有自己的"所应该"，儒家伦理的价值就在于论证这些"所应该"，规定好每一个人、每一种伦理角色所应尽的责任和义务——"父子有亲、君臣有义、夫妇有别、长幼有序、朋友有信"。同时，治家与治国是一个道理，要以治家的伦理精神治国，治国始于治家。《汉书》说"室家之道修，则天下之理得"，一个人在试图承担天下之大任之时，必须从修身和齐家开始。"一屋不扫，何以扫天下？"墨子也认为"治天下之国若治一家"。

在中国传统家庭伦理文化中，有一个颇有意思的争论，即什么是家庭伦理之始或之本？《易传》认为是夫妇之伦。荀子接受了这一思想，强调夫妇之伦是人伦之本，"男女正，天地之大义也"。而孔子和孟子则强调孝悌是人伦之始，是仁之根本，也是人最应当具有的美德。但事实上，《易传》、荀子和孔孟学说是殊途同归的，因为它们都试图从历史与现实纵横两个维度上搭建起中国传统社会的人伦关系网络，无论从哪里出发都未偏离幸福家庭与和谐社会的同心圆。

许多当代学者都在思考中国传统家庭伦理文化如何向现

代转换的问题，思考这种转换所面临的挑战。有人总结说，近代以来在如何面对传统家庭伦理文化问题上，大体有三种不同的态度：一是保守主义，认为不能背离传统家庭伦理，背离就是忘本。二是改良主义，认为传统家庭伦理的主流是好的，但也存在着消极面，因此需要去粗取精。三是批判主义，认为应当抛弃传统家庭伦理，因为它们与现实生活格格不入。同样，学术界在如何改造中国传统家庭伦理文化方面，也提出三个关键性问题："以家庭为本"还是"以个人为本"？在市场经济和契约社会中，应当如何处理公共利益与家庭利益，以及家庭成员内部之间的利益关系？在一个倡导自由、民主、平等和公正的社会里，应当如何行"孝道"和尽"夫妇之伦"？

对于这些问题，我们可以作出如下回应：首先每一时代的家庭伦理关系实际上都不取决于家庭本身，而取决于家庭所处的社会历史和文化，取决于家庭成员所具有的社会关系性质。家庭是社会的缩影，家庭伦理文化也是社会伦理文化与核心价值观的反映，并不能脱离特定的社会关系。家庭说到底是培育社会伦理文化与核心价值观以及道德教育的场所。家庭道德教育是青少年社会化的前提，其主要内容也反映出社会和时代对于个体品德的要求。从这一意义上说，在当代家庭伦理文化的构建中，并不存在"以家庭为本"和"以个人为本"之间的二元对立及根本性冲突，因为家庭培养出来的合格"公民"都是服务于社会和家庭的，但这一个体所具有的自由、权利、理性和自主性绝大部分必须通过社会生活，而不是家庭生活来实现。对于传统的中国家庭伦理文化，我们应当反思和批评的是封闭的、狭隘的父权制和等级制思维模式，把当代社会的自由、民主、平等和公正的理念引入到家庭伦理关系的处理之中。

而就利益关系而言，无论在社会、市场还是家庭生活中，都应当奉行"见得思义""见利思义""君子爱财，取之有道"的道德原则，做遵纪守法的好公民。即便在中国传统社会，也同样会遇到公共利益和家庭利益以及个人利益之间的冲突，伦理学存在的意义就在于调节和解决这些冲突。任何有人的地方就有利益冲突的存在，家庭与社会的和谐幸福不在于没有冲突，而在于有伦理和公平存在。显然，当代家庭伦理文化需要以社会主义核心价值观为指导处理义利关系，公私领域的利益冲突只有所面对的矛盾有不同的差别，其处理矛盾的道德原则是不变的。

还有便是"孝道"与"夫妇之伦"问题。在当今社会中，人的主体性、自主性以及平等意识的增强，已经使传统家庭中的父权制和夫权制伦理关系发生巨大的变化，家庭成员在民主与平等中获得快乐幸福的和谐氛围业已形成，而亘古不变的是家庭成员之间的相互关爱和照顾，以及"老吾老，以及人之老；幼吾幼，以及人之幼"，"己所不欲，勿施于人"，"己欲立而立人，己欲达而达人"的推己及人、内转外推的处理人伦关系之道。事实上，儒家留给我们的并不是单向的道德和义务，例如它也要求君主"兴万民之利"，要求"父义母慈"，看到只有父亲"宽惠而有礼"，子女才能"敬爱而致文"，这与人们通常理解的子女对长辈一味地顺从和单方尽义务并不是一回事。当然，在人的生命圈中，父母的义务和责任大都体现在对未成年子女的养育方面，当年迈的父母需要照顾时，子女的物质和精神赡养也理应成为当代"孝道"的重要内容。同样，当代社会的"夫妇之伦"也需要打破以往"男尊女卑"的格局，要求两个独立个体之间的互敬和互爱。

每一个社会和文化都有自己的家庭伦理文化，它不仅无法超越社会的发展，也不能摆脱自身发展和形成的历史。在一些中国学者强调要以西方现代家庭为圭臬，构建当代中国家庭伦理文化时，更有西方学者通过对个人主义价值观所导致的家庭成员之间亲情疏离和冷漠的亲身体会，号召西方人学习中国人的"孝道"。由此可见，家是中国人的伦理文化之根，因而当代中国人应当尽心尽力地维护、建设小家和大家——祖国，因为她们才是我们快乐幸福的源泉。

"语言言说言说者"

人与人交往离不开语言，甚至重要的是语言。巴特勒把语言看得十分重要，认为"语言言说言说者"，语言塑造主体和性别，以及我们每一个人的身份。即便一个人在大街上走路时被警察叫住，这个行为本身也是通过语言塑造的，警察叫住人的行为是一种表演性的言谈行为，是他的权力身份所致。

语言是一个巨大的象征系统，体现一种权力关系和社会结构以及社会规范和礼仪。如果说中国传统社会是一个注重伦理关系的礼仪之邦，我们有理由相信古人，尤其是有文化和教养的人比我们更注重说话，或者说他们说的话更让人爱听，更令人舒服。所以，我们今天在打造文明和和谐社会时，是否也应当学习中国古人和一些会说话的西方人呢？

据说美国拉斯维加斯有一家酒吧，想禁止妓女在此拉客，所以贴了一个告示："女士们，如果您是妓女，请不要在这里拉客。如果您搞不清自己是不是妓女，我们可以提供免费咨询。"我想，如果在我们中国，这段话应当如何写呢？差不多是"严厉打击卖淫嫖娼"吧？这样说的确有一种法律的威慑力，但是硬邦邦地缺乏幽默和温情。也许有人会反对我这种表述，对于那些试图违法乱纪的人，我们为什么要幽默、要温情？而我认为，在一个人被认定有罪和有错之前应当被人性地对待，即便被认定有罪，也应当"惩前毖后，治病救人"，因为如同中医理念一样，我们不仅要针对人的"病"，更要拯救病的"人"。琢磨一下我们经常看到的标语，发现大都是负面的，消极禁止式的，例如在一些公共服务部门，人们经常看到的牌子是"闲人免进"，但国外经常见到的是 Staff Only（工作人员专用）。在国外的公共汽车上，你看不到残障人和老年人专座的字样，但会写上"轮椅使用者专座"，"身体能力下降者专座"，这些提示没有预先给人贴标签，例如"病人""老年人"和"残障人"等等，但也可以达到照顾这些特殊群体的目的，同时也给人一种祝福和期待，预示人们有一天可能从轮椅上站起来，身体能力得到恢复。每当看到这样的提示，我都会感觉这种简单的语言透出一种对人的尊重，即使是对那些需要帮助的弱势群体，也能让他们不失尊严地得到社会的关爱和温暖。在国内的一些公共场所，你也常常能看到一些告示的英语翻译令人匪夷所思，例如在游泳馆里你能看到"Watch Your Head"字样，直译过来是"看着你的头"，但我真的不知道一个人如何看着自己的头，如果翻译成"Mind Your Head"是否更好一点呢？尽管我也知道这些告示的中文本意是"小心碰头"。

其实，会说话不仅表现在公共生活中，也表现在家庭生活中，它是夫妻生活中的一种重要的润滑剂。我国的一些东北汉子的确铁骨铮铮，但往往在生活中缺乏关爱和柔情，话语生硬。例如招呼妻子时会喊："哎哎，那个谁啊，你快来一下！"他妻子也会顺声跑过来，就事论事，解决问题，也全然没有温情的回应。但是，如果这种事情放在美国老公那里，至少他会喊出夫人的昵称，或者是"亲爱的""宝贝"等等，使得夫妻之间的简单交流充满温暖，或者干脆来个搂抱的动作。中国的丈夫也许会说："算了吧，她是我老婆，我愿意咋称呼就咋称呼，碍别人啥事？"殊不知，这种意识体现出一种父权制思维，把妻子看成自己的所属物，与房产和土地，甚至宠物一样，全不知女性是人，与财产和宠物不一样，有自己的独立性、人格尊严和情感。夫妻之间的交流是情感的交流，没有一种情感来回涌动，不仅生活乏味，女性也由此缺乏自信，情感干瘪，因为她没有从丈夫的称呼中获得一种关爱和认可。因而，我认为中国家庭在解决温饱，共同向更高生活和情感质量进步时，夫妻双方应当学会说话。会说话的确是一种需要"习得"的艺术，对于男性更是如此。封建社会"男尊女卑"的道德遗留依旧使中国丈夫在夫妻相处时不懂语言的艺术，唯我独尊，而女性对于社会生活越来越多的参与和思想的解放，使她们对于家庭生活和夫妻情感交流的质量有了更高的要求，并期待家庭生活中父权制语言的改变，让人格的修养也在家庭生活中得到体现。

　　20世纪后半叶以来的女性主义哲学也非常关注语言表达，因为在女性主义哲学看来，语言并不是中立的。女性主义政治哲学家南茜·弗雷泽曾经概括出语言探讨对于女性主义的意义，认为至少语言概念有助于女性主义理解四方面的内容：一是理解人们的社会身份在一段时间内是如何形成的。二是理解在不平等条件下，作为集体行动者意义上的社会群体是如何形成的，以及它为什么未能得到充分的发展。三是理解社会统治群体的文化霸权是如何形成的，以及如何被争夺的。四是理解和指明社会变革以及政治实践的前景。

　　当代哲学大师哈贝马斯曾经论述过语言和话语在社会和科学认识中的意义。在他看来，社会是一个由交往行为构成的网络结构。任何一种理论，即便是客观主义理论也必然根源于与社会的关联之中，我们必须通过"生活世界"来讨论科学、政治和伦理学，讨论理论与实践以及现实与未来。"所谓的'生活世界'是一个既包括了个人能力，又体现了社会文化遗产的背景信念的综合整体。"生活世界也是一个"此与彼、熟悉的和陌生的、被回忆的、在场的和被期待的事物交织而成的多维度的关联系统：'我发现自己处在生活历史的复合体中，处在同时代的人之中，处在我们从先辈那里继承下来的，并将遗传给我们后代的传统之中。'"这一生活世界是以语言或话语形式出现的，生活世界中的所有交往行为都需要语言，"生活世界据以结构的先验法则通过语言分析，可被理解为交往过程的规则"。还有，作为社会文化传统和信念整体的生活世界也是一个规范系统，通过生活世界的必经之地，以及构成我们行为边界的东西都是语言和话语。它们主要有两个来源：一是来源于生活世界。任何脱离生活世界的理论都无法成立，生活世界具有规范性的内涵。二是来源于人的理性。理性是一切思维、行动和言说着的主体在日常生活和科学活动中的基本联结点。因而，语言和话语就像一条由社会知识库藏联结而成的穿越时间的河流。从过去走来，圈定了现在，并以另外的形式继续流向未来。"它铸造了主体和集体意识，并以这种方式行使自己的权力，因为主体意识和集体意识既是对社会进行研究的基础，也是使社会发生变化和发展的根本点。"

无论人们是否理解和喜欢弗雷泽和哈贝马斯上述的深刻思想，我们都应该意识到语言和说话看似是一件人人都会的小事，但却承载着人类社会悠久沉重的历史，并在塑造着我们的未来。如果我们向往温馨幸福的日子，很简单，先从学会说话开始吧，当你掌握这门艺术后，便会发现你的生活和世界会与以往大不相同。

人生要识路来处

一

清晨的埃克塞特城湿漉漉地清润，饭厅里听到两个女人在聊天，一个来自美国，一个是英国人，涉及的是旅游、海边、清水、游泳、遛狗、巴基斯坦等关键词。美国人谈到儿子几次找工作都被拒绝，英国人则说自己的女儿在读中学，马上要考试了，6月中旬前出不了门等等。有意无意地听到这种聊天，相信这才是日子———一种平平常常中的祥和。

BBC电台在讨论诗歌，有人提出一个问题：显然诗歌是一种创造性的工作，在从事诗歌创造时，内心好像有一台计算机，帮你把各种资源呈现出来，左手边有橙色的和绿色的彩纸，右手边有红色的或者粉色的彩纸，你必须作出自己的选择，而选择的要旨是学会放弃。我感觉这有点像人生，没有大舍就没有大得。但如今的人们都喜欢得，而不懂得舍,所以很容易把日子过成悲剧。有人又提出一个问题:那计算机是否有创造性呢?有人回应说:这个问题可以分成两部分来回答,如果从科学上说,没有,计算机需要人来操控;但如果从哲学上说,就有了,人们可以追问:计算机意味着什么?为什么它会出现?这些都是深刻的哲学问题。这让我看到英国人喜好哲学,不管什么事,说着说着就上升到哲学高度了,难怪牛津的哲学系誉满世界啊。在英国,如果你说自己是学哲学的,人们会认为你聪明,弄得你自己都很疑惑,一边摇头一边自问:"真的吗?"

二

清晨,看到微信朋友圈里的一条信息:"没有一条能一直走到底的笔直的路,总是在不知不觉中拐了弯,融入到另一条路的风景中去。"并配上了一幅美丽的清华雪景图片。这让我很有感触,这段时间不论在英国的埃克塞特(Exeter)大学还是埃塞克斯(Essex)大学都处于不断地迷路、寻路的状态,有时走丢了,再回来,十几分钟的路会走出一个小时,有时原本已经走过几遍的,似乎已经熟悉的路,走着走着就又忘了,转来转去不知在哪里拐弯,不停地怀疑自己是否曾经走过这条路。

埃克塞特是一座城市,依山傍海,阴雨绵绵,需要不断地上坡下坡。而埃塞克斯大学则坐落在由古罗马人建起的一个小镇——科尔切斯特，那里小路蜿蜒，绿草萋萋，空气中裹挟着湿润和清新。我对当地人说："这里的路都像似蛇样地弯曲着。"可他们却说："不，不，我们说'人要像小狗一样地穿行'。"

其实，人生亦如此，也没有一条能一直走到底的笔直的路。我们需要不时地在蛇形的路上，如同小狗一样地穿行，不时地迷路、寻路。还好的是——不论我们身居何处，路在何方，最终总能幸运地望到家窗的灯火，叩响家门，心满意足地享受回家的安全和温馨。或许我们有时也会回望来路，心已苍老；或许我们有时由于历尽波折，遗忘初衷，心如止水。然而，我却以为，这些都不能构成我们不再出门、不再行路、不再寻路的理由，因为人活着便意味着要迷路和寻路，这本来便是生存和生命的意义所在，人生要识路来处。

由于人生没有一条笔直的路，行走中的我们会在不知不觉中错拐了一个弯，这看似是浪费了时间和体力，但也许正因为这一拐弯，我们却看到了另一番原本看不到的风景，体味到另一种人生。我一直都在思考一个问题：为什么人们都喜欢旅行？古来便有"读万卷书，行万里路"之说，细想起来，读书和行路原本对于人生具有同样重要的意义，都是在不由自主地迷路和寻路。到了书读万卷、路行万里时，我们的眼界和胸襟就会变得豁然开阔，把自己练就成一匹识途的老马。回望来路，我们不再困惑，会感觉自己已经超越了一辈子的人生，在有限的时空中活出了无限的精彩和豁亮。

由于人生没有一条笔直的路，所以在行走中我们需要付出时间成本，走错路时更是如此。走着走着，蓦然间，你会注意到身边的路人越发地年轻，而自己却出现了老态，上坡时气喘吁吁，走路时也不再步履轻盈。这时，我们就会犹豫是否应当宅在家里，深居简出。然而，当你下决心又一次远行时，却发现在与异域文化碰撞时，自己也变得非常年轻，因为在这里，即便在你看来已经上了年纪的人，也依旧保持着年轻的心态。一日在公交车上，看到一位老妇人中途上了车，一个年轻小伙马上让座，她似乎没有注意到，小伙子上前请她入座，可她却谢绝了。我一路上打量着她的背影，银灰色剪裁得体的毛呢大衣，黑色的毛线围巾，很亮的坡跟牛皮靴，想必她一定是从孩提时代起就这样着装，无论生活是否如意，岁月如何风霜，都一如公主般地优雅和安静。再看看自己身上笨厚的羽绒服和脚蹬的旅游鞋，马上想到一个问题："我们终日步履匆匆究竟为了什么？"

我又联想起19世纪美国作家塞缪尔·厄尔曼的一篇散文《年轻》中的两句话："年轻并不意味着生命中的一段时光，而是一种精神状态；年轻并不意味笑靥如花和身材矫健，而是一种意志，一种无限的想象力，以及一种生机勃勃的情感。""无论是60岁还是16岁，每个人都会被未来所吸引，都会对人生竞争中的欢乐怀着孩子般无穷无尽的渴望。"厄尔曼把人的心灵比喻成一部收音机，只要我们每天都能从中汲取希望、勇敢、美好和力量的信息，我们就会青春永驻。而且，人生要勇于有梦，勤于圆梦，因为有梦就有力量，有梦就有未来。这位老妇人肯定是一个有梦的人。梦让我们忽略岁月和年龄，不断地行走和追梦，永不言老，永不言败，不论拐错了多少个弯，迷了多少次路，都可以从头再来。

三

访英的最后一站是牛津，是我坚持要来的。从科尔切斯特到牛津并不远，但是由于周末要修路，必须乘坐长途汽车到 Beliracay，再倒火车。一路上十分宁静，看到一队骑马的人在小镇穿行，很是奇怪，难道这是一个传统的旅游项目吗？走近一看，原来是女警察在巡逻。我想可能是由于汽车和摩托声音太扰民，而在一个清爽的周末早晨，这种马蹄声碎会使得小镇蒙上一种中世纪的迷幻。

从牛津火车站出来，我大喊一声："牛津，我又来了！"来这里是一种享受，到了住处，我放下行李箱，便出门在自己熟悉的路上绕了一圈，看到没有车辆，便冲上马路当中的安全岛，把 Lloyds 银行十字路口的四面八方照了一遍，想把牛津重新收到自己的相机和记忆里。

第二天一早，便有人敲门，来了一个名叫卡莉的漂亮女孩，她说自己是清洁工，来自美国，是来学设计的，白天在一个国际非盈利的设计公司工作，早晨来这里做清洁工。我很佩服这种不挑拣工作，自食其力的年轻人。我问她室内温度问题，她指着暖气告诉我，输出（output）和输入（input）的区别，首先要调好后者，然后再调前者，出门前关掉后者。她还问我："你没有被子吗？"用的词是 duvet。我想起自己在加拿大转机时的一段经历，当时行李找不到了，海关的人问我箱子里装了些什么，我说被子，用的是 quilt，他们愣是不懂。我便问卡莉，duvet 和 quilt 有什么区别。她说前者是被子，后者是老祖母拿碎布和棉花等拼成的薄被，实际上 duvet 是法语，英美人借用过来。我问她名字的含义是什么，她说是女性化的意思。"很好啊，你的设计会体现出女性的特点，舒服、柔软和温馨，将来你有自己的设计公司时，就可以起名为卡莉设计公司。"她说，英美人不像中国人，名字里一般没有什么含义，人们也不知道其中的含义是什么。我说："那没有关系啊，你让他们知道含义，这不也是设计吗？"我们笑着，开始一天的工作。她说自己必须马上去公司了，我则坐下来思考如何利用这段难得的牛津时光。

跋：我要活成一条自由自在的鱼

一日，我对镜叹息："怎么游泳这么多年，还是没有脖颈啊？""你看水里的鱼虾谁有脖颈啊？"一旁的先生忙不迭地调侃道。

作为女性，没有人不希望有一副好身材，时下 A4 腰如同计算机病毒一样蔓延着，可我却总感觉这对女性有点苛刻。在生命的长河中，女性出生时或许比 A4 纸大不了多少，在豆蔻年华时也会小腰盈盈在握。可再逆天生长，生命周期也是一个自然的过程，况且她们还要生儿育女。年轻时的翩若惊鸿和婉若游龙是美的，年迈时的恬淡宁静和充盈丰腴也是美的，这像四季更迭一样风采各异。倘若一味地把楚腰卫鬓、妙龄时的 A4 腰视为最美的，那就如同我们只向往春风而厌恶夏雨、秋阳和冬雪一样，不谙天地四时的道理。

曾见到不少女孩立志要"瘦成一道闪电"，网上也层出不穷地看到把"反手摸肚脐""锁骨放硬币"和"A4 腰"等炒作成对女性身材唯一的审美标准，而我却相信无论环肥燕瘦，健康才是最美的。在纪念中国人民抗日战争暨世界反法西斯战争胜利70周年大阅兵中，有谁能说英姿飒爽的中国女兵不美？

还有一点也让我担心：在女性趋之若鹜地追逐A4腰时，很可能会在不经意间毁掉了健康，不是经常能读到一些女性拼命地节食减肥，最后成为"厌食症"患者的报道么？而且，时尚圈"以瘦为美"的圭臬已使许多模特因为过度减肥而患上厌食症。2012年3月，以色列正式通过法律禁止体重过轻的模特在广告中出现，由此成为世界上第一个有相关立法的国家。此后在西班牙、意大利、巴西和智利等国的时尚界也都出台规定限制模特体型过瘦。根据中国经济网的报道，2015年4月，法国也通过一项新的法律修正案，禁止模特经纪公司和时尚品牌起用过瘦的模特走秀，这项法案的主要目的是缓解厌食症的发病率。这篇报道还透露，即便在法国的普通人中，每年也大约有3万至4万人遭受心理性厌食症的困扰，其中青少年比例高达90%。该修正案还规定：若经纪公司或时尚品牌违法，将被处以最多六个月的监禁和7.5万欧元的罚款。如果当今的中国女性一定要以A4腰为美，谁能保证没有人也患上这种心理性厌食症呢？

根据哲学现象学理论，身体意象（body image）是一个人自我概念的基础，表现为个体对自己身体的认知和评价，而且主要来自社会和文化的影响。美国哲学家肖恩·加拉赫等人认为，身体意象关乎三个因素：主体对于自己身体的知觉体验；主体对于身体一般概念的理解，包括民间看法或科学知识；主体对于自己身体的情感态度。因而，女性的身体意象大多来自社会和文化的塑造，以及主体的认同。例如在父权制文化中，女性会不自觉地接受男性的审美标准，把"三寸金莲"或者"杨柳细腰"和"丰乳肥臀"作为理想身体的摹本来仿效。

美国女性主义学者苏珊·波尔多分析说，在西方父权制文化中，厌食症体现出三条文化轴线：一是身心二元论轴线。在从柏拉图到笛卡尔以来的西方哲学概念体系中，身体一直被看成是外在的和邪恶的，具有难以克服的局限性。二是控制轴线。西方哲学也一直教导人们努力地控制自己的生活，但事实上这种生活却是难以控制的。为什么一些女性会患上厌食症？因为她们试图通过控制饮食来获得在其他方面无法得到的成就感。三是性别和权力轴线。媒体也基于男性的霸权和审美推崇和赞美女性身材的苗条，并把它与女性的性感联系在一起。

时至今日，我依旧常能看到这样的广告词——"瘦，一切百搭；胖，一切白搭"。难道"胖"就真的等同于"懒惰""愚蠢""生活不节制"和"人生失败"吗？难道世界都是由"瘦人"创造和主宰着吗？显而易见，我们的生活体验和事实并非如此。因而，无论是"瘦骨嶙峋"的骨感还是"厌食症"障碍，都是权力和文化为女性穿上的"束身衣"，表面上看来只是束缚了女性的身体，实则却是对女性自由、权利以及身体体验、自主性和主体性的限制。然而令人遗憾的是，许多女性却在盲目地跟风减肥，并不惜以损害健康为代价。

至此，我还想得出三点结论：其一，女性的身体意象和知觉体验是受社会和文化影响的。其二，普遍倡导女性"A4腰"和"以瘦为美"就是社会和文化对女性身心权利的侵犯，因为女性有可能采取不恰当的方式追求这一目标。表面上，她正在为了"光鲜靓丽"主宰自己的饮食和身体，实则她的身体却已变成一个外在的"他物"，她此时的自我认同是模糊的，对于自己身体的认同也很茫然，这个身体已不再为她所有，而她却对此全然不知。其三，不能笼统地反对女性减肥，但减肥一定是为了健康，而且方式也要健康。我也很羡慕能在健身房把自己打造成"金刚霹雳身"的娇娃，可既然世界是丰富多彩的，自然界有四季运行和阴晴圆缺，窗外有树亦有草，女性也应当是千姿百态和仪态万方的，何必为难自己套上"A4腰"的紧箍咒呢？

我猜想，每个女性在生命终结时都会回归大海，变成形态各异和五颜六色的鱼儿、虾儿，没有人会在乎它们的脖颈和腰身，只要它们是欢快的、健康的，那么我们何不在有生之年也这样自由自在地活着呢？所以，A4 腰，No，我要活成一条自由自在的鱼！

图书在版编目(CIP)数据

织梦:问思新女学/肖巍著.—上海:上海书店
出版社,2019.4
　　ISBN 978-7-5458-1795-9

　　Ⅰ.①织… Ⅱ.①肖… Ⅲ.①女性-修养-通俗读物
Ⅳ.①B825.5

　　中国版本图书馆CIP数据核字(2019)第069491号

责任编辑　邹　烨
封面设计　郦书径

织梦:问思新女学

肖巍　著

出　　版　上海书店出版社
　　　　　　(200001　上海福建中路193号)
发　　行　上海人民出版社发行中心
印　　刷　苏州市越洋印刷有限公司
开　　本　787×1092　1/32
印　　张　10.625
字　　数　186,000
版　　次　2019年4月第1版
印　　次　2019年4月第1次印刷
ISBN 978-7-5458-1795-9/B·93
定　　价　48.00元